辽东地区不同营林措施对土壤特性的影响及其作用过程研究

苏芳莉　著

黄 河 水 利 出 版 社

·郑州·

图书在版编目(CIP)数据

辽东地区不同营林措施对土壤特性的影响及其作用过程研究/苏芳莉著. —郑州:黄河水利出版社,2011.2

ISBN 978 - 7 - 80734 - 987 - 7

Ⅰ.①辽…　Ⅱ.①苏…　Ⅲ.①营林 - 影响 - 土壤 - 特性 - 研究 - 辽宁省　Ⅳ.①S72②S15

中国版本图书馆 CIP 数据核字(2011)第 015273 号

出　版　社:黄河水利出版社
　　　　　　地址:河南省郑州市顺河路黄委会综合楼 14 层　邮政编码:450003
发行单位:黄河水利出版社
　　　　　　发行部电话:0371 - 66026940、66020550、66028024、66022620(传真)
　　　　　　E-mail:hhslcbs@ 126. com
承印单位:黄河水利委员会印刷厂
开本:890 mm ×1 240 mm　1/32
印张:5. 125
字数:148 千字　　　　　　　　印数:1—1 000
版次:2011 年 2 月第 1 版　　　　印次:2011 年 2 月第 1 次印刷

定价:18.00 元

前　言

　　辽东森林不仅是辽宁省重要的水源涵养林基地,也是商品材生产基地,同时是辽宁中部城乡的绿色屏障,承担着发展经济、改善生态环境的双重使命,辽东山区的森林资源在涵养水源、保持水土、调节气候、抗御和防止自然灾害、维持生态平衡及保护生物多样性方面起着重要作用。目前存在部分森林质量下降、森林多样性下降、林地土壤衰退等问题(迟德霞,2006)。

　　辽宁东部山区森林类型多样,天然次生林和人工林均有较大面积,是该地区大气、土壤、水分循环中的重要环节,在当地的生态系统中发挥了不可替代的作用。面对辽东森林资源功能的衰减,本项研究利用辽宁省森林经营研究所的多年固定标准地,在已抚育间伐近 22 年的红松林内和抚育间伐近 12 年的杂木林及柞树林内设置样地,分别代表人工林和天然林这两种辽东林区的主要林种,并系统地研究了试验地区林分的生物量、枯枝落叶性质、分解规律和对土壤作用效果,探讨了不同抚育间伐强度下林分的作用效果。在试验设计中充分利用和借鉴了辽宁省森林经营研究所多年的试验条件和试验结果,对辽东三种主要林型及各自不同强度的间伐试验固定标准地进行研究,旨在确定适合于不同林型的合理间伐强度,从而指导当地的生产实践,并以此作为深入研究抚育措施对森林系统作用机理的理论探讨,使现有林分结构更为合理,使森林可持续发挥其应有的作用。

　　本书通过系统研究表明:抚育措施对不同林型林木生长的作用,基本遵循间伐能够促进植物生长,促进生物量的增加;不同间伐强度对森林多样性具有显著的影响,中度和弱度间伐较利于生物多样性的增大;不同林型间枯枝落叶性质差异较大,主要表现为各林型间年凋落量和枯枝落叶贮量均为中度和弱度间伐强度较好,而枯枝落叶的分解速度随着间伐强度的增大而减小;不同林型间养分归还能力的差异显著,杂木林和柞树林以阔叶树为主的林型中,枯枝落叶养分含量较针叶树高,养分归还能力较针叶树高,杂木林中养分多积累在叶片;不同间伐措施对各林型土壤肥力的作用效果不尽相同,抚育间伐能够改变土壤养分状况,弱度间伐和中度间伐区土壤理化性质、微生物状况较佳;不同抚育措施间,杂木林和柞树林均以弱度和中度间伐区森林作用效果较高,而红松林以中度和强度间伐区森林作用效果较高。

本书是在作者博士论文导师刘明国教授和辽宁省森林经营研究所谭学仁教授级高工的悉心指导下完成的,在此表示最诚挚的谢意!

本书的主要参与人员有辽宁省森林经营研究所的胡万良教授级高级工程师、孔祥文教授级高级工程师、徐庆祥工程师、丁磊工程师,沈阳农业大学的刘青柏老师及迟德霞、张春锋、杨波、杨杰、杨森等同学,在此对各位在项目研究中的协助予以衷心的感谢!

由于编者水平有限,不足之处在所难免,恳请读者批评、指正。

作　者
2010 年 12 月

目　录

前　言

第1章　绪论 ………………………………………………… （1）

  1.1　森林的生态作用 ……………………………………… （1）

  1.2　森林枯枝落叶的研究进展 …………………………… （2）

  1.3　不同林型及抚育措施的作用效果研究进展 ………… （9）

  1.4　辽东森林现状及存在的问题 ………………………… （11）

  1.5　研究意义 ……………………………………………… （13）

第2章　试验地区自然概况及研究内容 ………………… （14）

  2.1　研究地区自然概况 …………………………………… （14）

  2.2　研究目的与内容 ……………………………………… （16）

第3章　抚育措施对各林型生长及森林生物量的作用 … （17）

  3.1　引言 …………………………………………………… （17）

  3.2　结果与分析 …………………………………………… （19）

  3.3　结论与讨论 …………………………………………… （39）

第4章　抚育措施对各林型生物多样性的作用 ………… （40）

  4.1　引言 …………………………………………………… （40）

  4.2　研究方法 ……………………………………………… （42）

  4.3　结果与分析 …………………………………………… （43）

  4.4　结论与讨论 …………………………………………… （50）

第5章　抚育措施对各林型枯枝落叶性质的作用 ……… （51）

  5.1　引言 …………………………………………………… （51）

  5.2　研究方法 ……………………………………………… （52）

  5.3　结果与分析 …………………………………………… （54）

  5.4　结论与讨论 …………………………………………… （104）

第6章 不同抚育措施对各林型土壤特性的作用 …………（107）

　6.1　引言 ……………………………………………………（107）

　6.2　研究方法 ………………………………………………（109）

　6.3　结果与分析 ……………………………………………（110）

　6.4　结论与讨论 ……………………………………………（127）

第7章 不同抚育措施下各林型作用效果的综合评价 （128）

　7.1　引言 ……………………………………………………（128）

　7.2　研究方法 ………………………………………………（129）

　7.3　结果与分析 ……………………………………………（130）

　7.4　结论与讨论 ……………………………………………（138）

第8章　结论 ………………………………………………（140）

　8.1　抚育措施对各林型林木生长状况及生物量的作用

　　　………………………………………………………（140）

　8.2　抚育措施对各林型生物多样性的作用 …………（141）

　8.3　抚育措施对各林型枯枝落叶性质的作用 ………（141）

　8.4　抚育措施对各林型土壤性质的作用 ……………（143）

　8.5　不同抚育措施下各林型作用效果的综合评价 ……（144）

参考文献 ……………………………………………………（145）

第1章 绪 论

　　林业是国民经济的重要组成部分,既是一项产业,更是一项社会公益事业。森林资源兼有生态、经济效益和社会效益,其生态功能远远高于生产功能,美国的统计数字表明,森林的生态功能与生产功能的比值为9:1,芬兰的统计数字为3:1。

1.1　森林的生态作用

　　关于森林的作用,国内外学者都进行了大量的研究,发表了大量的论文与专著,其主要观点分为以下几种:美国学者(Daniel,1987)认为森林的生态效应是指:①与生命支持系统相关的生态服务或生态系统服务;②与人类活动相关的社会价值;③经济效应。英国学者(David,1990)认为森林的生态效应是指有市场交换的内部效应(即木材的经济收获)外的无市场价格的外部效应,包括与环境有关的外部效应和与环境无关的外部效应。Daniel(1987)把森林的生态效应分为对气候的影响、对水文的影响、对土壤的影响和对生物生长的影响,并据此提出森林的三种效应:①保健效应;②感情效应;③经济效应。

　　我国学者在20世纪80、90年代也开展了很多讨论。张嘉宾(1986)认为森林的生态效应是指在森林生态系统及其影响所及范围内,对人类有益的全部效应,它包括森林生态系统中生命系统的效应、环境系统的效应、生命系统与环境系统相统一的整体效应,以及由上述客体存在而产生的物质和精神方面的所有效应。张忠谊(1987)认为,生态效应是指生态系统能量、物质转化效率以及维持生态环境稳定、改善生态环境质量的程度或能力。蒋敏元(1991)认为森林的生态效应是指由于森林生态系统的存在和森林新陈代谢过程的作用而对人类的生存环境——生物圈所产生的有益影响。安树青(1994)在《生态学词典》中将生态效应定义为在各种生态效应中，凡是对人类的生活、生产环境能产生某种有利作用的效应，如森林的存在能调节气候、保持水土、控制风沙等效应。综合以上观点，将森林的生态效应定义为：森林对组成地球生物圈的生命和环境提供的直接与间接的有利于人类的，其有使用价值的涵养水源、保持水土、改善小气候及净化大气等公益效能（不包括木材的经济价值）。

森林的生态效应已被人们所认知，探讨不同森林类型中不同营林措施的生态效应，对合理利用林地，防止地力衰退，实现森林的可持续利用，具有重要的现实意义。关于森林的功能及其与林分的关系，国内外均有较多研究，其科学的研究体系已初步建立。本书在研究不同林型及抚育措施的作用效果时，除开展常规指标研究外，重点研究其对枯枝落叶的影响效应。

1.2　森林枯枝落叶的研究进展

越来越多的人们意识到（耿玉清等，1999；林波等，2003；周存宇，2003；吴钦孝等，1998；李叙勇等，1997），森林独有的枯枝落叶层的存在及其分解过程中物质的分解、转化等特性是森林生态学的重要组成部分。

1.2.1　枯枝落叶的作用

1.2.1.1　枯枝落叶在森林生态系统养分循环中的作用

早在 1876 年，德国学者 E. Ebermager 在《森林凋落物量及其化学组成》中便阐述了森林凋落物在养分循环中的重要性。凋落物在森林系统养分循环中发挥重要作用。首先体现在它是物质循环中最重要的环节之一。凋落物是森林生态系统的重要物质组成部分，在 1 hm² 具有最大密度的林地上，通过落叶、落枝、落果和树皮每年可给地面增加 1.5 ~ 5.0 t 有机质（干重），其中落叶约占总量的 70%（Spurr 等，1982）。凋落物中的主要成分是纤维素，这些纤维素的降解是自然界中维持碳素平衡不可缺少的过程，该降解过程每年以 CO_2 形式归还到大气中的碳大约为 850 亿 t,一旦纤维素分解过程停止,并且光合作用仍以目前状态继续,则地球上的所有生命将在 20 年内由于缺乏 CO_2 而停止(Hulson,1980)。另一方面,凋落物中的营养元素是森林植物生长发育所需养分的一个重要来源。有研究表明(Gholz 等,1985),森林每年通过凋落物分解归还土壤的总氮量占森林生长所需总氮量的 70%~80%,总磷量占 65%~80%,总钾量占 30%~40%。枯落物分解速率的高低在很大程度上也决定了一个生态系统(尤其是森林生态系统)生产力的高低和生物量的大小(黄建辉等,1998、2000)。由此可见,凋落物及其分解在物质循环中占有极为重要的地位,是森林生态系统得以维持的重要因素。

1.2.1.2 枯枝落叶在森林土壤肥力中的作用

枯枝落叶对森林土壤肥力有着深远的影响。土壤肥力是土壤物理、化学、生物等性质的综合反映,而凋落物对土壤肥力的这三个方面均有影响。

土壤结构、土壤温度和土壤水分是土壤物理性质的重要方面。土壤结构的形成过程主要是土壤中团聚体的形成过程。在团聚体形成过程中,作为胶结剂最重要物质的有机胶体是在有植物残体情况下微生物活动的产物,凋落物是土壤结构改善的重要基础(中国科学院南京土壤研究所,1978)。土壤温度与植物生长有密切的关系,土温过高或过低都不利于土壤生物的活动和土壤中各种生化反应的进行。相当厚度的凋落物层可使土壤温度常年保持稳定,起到一定的绝热作用。枯枝落叶在维持森林水量平衡方面起着重要作用(姜志林,1984、1992)。枯枝落叶本身有很强的持水能力,一般吸收的水量可达其本身干重的 2~5 倍,甚至可达 7 倍。另外,枯枝落叶层的覆盖抑制了土壤水分的蒸发,从而影响土壤水分分布和水分动态。

土壤有机质是土壤化学性质的重要方面,也是衡量土壤肥力的重要指标之一。凋落物是土壤有机质的组成部分,凋落物的质和量,加上温度、雨量等外界环境因素共同决定了相应土壤中有机质的含量。土壤的酸碱度是土壤的重要特性之一,研究表明(徐振邦等,1993),植物凋落叶的浸出液 pH 值随植物种类不同而有差异,所以选择适宜树种,通过凋落物影响土壤 pH 值,是土壤改良的重要方面之一。

　　生活在土壤中的生物(包括土壤动物和土壤微生物)对土壤腐殖质的形成起主导作用,而土壤生物的最终物质、能量来源是包括凋落物在内的植物残体以及由其降解而来的土壤有机质。研究表明(蚁伟民等,1984),有植被覆盖的土壤,其微生物数量比植被长期遭到破坏形成的裸地土壤微生物数量要大,且种类也多。

1.2.2　森林凋落物的分解

　　凋落物分解过程将生物大分子降解为无机小分子,最后大部分转化为 CO_2 和水,只剩少量的腐殖质进入土壤。凋落物分解失重可分为两个主要阶段。前期的快速失重阶段主要是非生物作用过程,为可溶成分的淋溶;后期的裂解阶段主要是生物作用过程,为生物分解者的活动。Melillo 等(1989)建立的两相分解模型中,凋落物分解失重到 80%之前为第 1 期,之后为第 2 期。前期的快速失重与分解环境的水分状况有关,湿度越大失重越快。河岸林在高湿度条件下,开始 2 周的凋落物失重可达 1% ~ 10%(Blackburn 等,1979)。

　　人们不懈地探索凋落物分解过程的规律性,试图了解决定和控制凋落物分解速率的因素及起主导作用的因子,期望以此对凋落物分解速率进行预测。经长期的研究积累,人们认识到凋落物的分解受到凋落物的内在因素和外在因素的制约。内在因素即指凋落物自身的物理和化学性质;外在因素即指凋落物分解过程发生的外部环境条件,包括生物和非生物两类。生物因素是指参与分解的异养微生物和土壤动物群落的种类、数量、活性等,非生物因素是指气候、土壤、大气成分等环境条件。

1.2.2.1　枯枝落叶分解的内在因素

　　(1)凋落物的物理和化学性质是制约凋落物分解的内在因素。

　　Swift 等(1979)将凋落物的化学属性称为基质质量,定义为凋落物的相对可分解性,依赖于构成组织的易分解成分(N、P 等)和难分解有机成分(木质素、纤维素、半纤维素、多酚类物质等)的组合情况、组织的养分含量和组织的结构。把用于土壤有机物的 CENTURY 模型修改为凋落物分解模型时,把植物残体分为代谢物质和结构物质。代谢物质易于快速分解,而结构物质的分解速率可表达为木质素/纤维素比的函数,比值越高,分解速率越低。

用做凋落物(基质)质量的常见指标有:N 浓度、P 浓度、木质素与纤维素浓度、C/N 比、木质素/N 比、C/P 比等。其中 C/N 比和木质素/N比最能反映凋落物分解的速率(Hill,1926;Jensen,1929;Witkamp,1966;Taylor 等,1989)。Heal 等(1997)称 C/N 比是凋落物质量的一般化指数。在木质素含量低的凋落物中 C/N 比反映凋落物碳水化合物与蛋白质的比率,在木质化程度高的组织中 C/N 比反映凋落物(碳水化合物 + 木质素)/蛋白质的比率(Gloaguen,1982),可见 C/N 比是凋落物较为本质的属性。

(2)在有些情况下,凋落物的木质素浓度是预测凋落物分解和失重的良好指标(Ogden 等,1997;Cromack,1973;Meentemeyer,1986)。

木质素构成了凋落物中难分解的主要成分,其结构较为复杂。Van(1974)认为木质素之所以对凋落物分解速率有主导性的影响,是因为木质素能作为凋落物的物理和化学性质的代表物,控制凋落物分解速率。凋落物质量还与其组分的结构复杂性有关,如分子的大小和化学键的多样化(Paustian 等,1997)。Berendse 等(1987)建立的凋落物分解模型还区分了束缚于木质素中的碳水化合物和游离于氮和木质素的碳水化合物的各自特性。

由限制因子原理可知,多个因子制约过程的速率由最慢的"瓶颈"因子决定。木质素是凋落物中最难分解的成分,其分解速率最慢,因此木质素浓度是凋落物分解的重要质量指标。

其他的凋落物质量指标,在部分试验中亦可用做分解预测指标。如 N 浓度指标方面,含 N 量高的凋落物分解快于含 N 量低的(Flanagan 等,1983)。Taylor 等(1989)的研究发现,在分解的前期,由 N 制约凋落物分解速率,后期由木质素浓度或木质素/N 比制约凋落物分解速率。Melillo 等的研究发现,在分解前期木质素/N 比是分解速率的良好预测指标,在较长的分解期木质素含量是更好的预测指标。

P 浓度指标方面,也有研究表明 P 浓度和 C/P 比是分解速率的良好指标(Heal,1997;Coulson 等,1978;Schlesinger 等,1981)。Aerts 等(1997)发现,养分对苔草属的几种植物凋落物分解的制约是随时间而变化的,初期(3 个月内)的分解强烈地受到与 P 相关的凋落物质量参数的制约,但长期(1 年以上)的分解又与酚类物质/N 比、酚类物质/P 比、木质素/N 比、C/N 比强烈相关。这可能与研究地荷兰的高水平大气 N 沉降,导致 P 的相对缺乏,形成不利于细菌和真菌的基质有关。

其他一些化学成分与凋落物分解的相关性也有报道。Van(1974)在研究环极地的冻原和泰加林凋落物分解的文献中报道:P + Ca、木质素 + 单宁、碳水化合物包括纤维素都与凋落物分解速率有关。Gallardo 等(1993)提出角质在分解后期的支配作用。Berg(2000)发现 Mn 浓度是制约凋落物分解速率的关键因素,它与分解速率呈线性关系。

(3)物理性质方面,韧性与凋落物的分解有良好的相关性。

Vitousek 等(1994)将来源于不同海拔的同种植物凋落物放在一个样地中分解,其分解速率的不同被部分地归因为叶的形态特征不同。来自高海拔的叶枯落物厚度更大、结构更粗糙,因而分解更慢。综上所述,C/N 比和木质素浓度是制约凋落物分解速率的重要因素,同时也是预测凋落物分解速率的重要质量指标。其他的凋落物质量指标对凋落物分解速率的预测不如前者更具代表性。至于分解过程的前后期,不同的枯落物质量因素制约分解速率,是由于初始的枯落物所包含的多种化学成分的流失速率不同,它们的量随着枯落物的分解进程而变化各异,基质质量也随之改变。因此,后来的连续性模型用枯落物在分解的各个阶段或时间段上的基质质量指标来表征凋落物在该阶段或时间段上的分解速率。

凋落物分解的过程一般也是营养释放的过程。但不同养分的释放速率是不同的。K 的释放较快,在早期很快被淋洗掉。而 N、P 的释放有积累、固定、释放几个阶段。枯落物分解的全球模式是,纬度越低凋落物的分解和营养的释放越快(Meentemeyer 等,1978)。

1.2.2.2 凋落物分解的外在因素

1) 凋落物的分解与非生物环境

气候是影响凋落物分解速率的非生物因素。对凋落物分解影响较大的气候因素包含气温和湿度(降雨量)。早在 20 世纪 60 年代 Van 就试图通过监测荷兰 ZutPhen 附近森林凋落物分解速率的年变化来建立它与气候的关系(Van,1974)。有研究认为气候是凋落物失重速率最强的决定因素。

凋落物的分解速率随气温的升高而增加。如 Jenney(1949)和 Mikola(1960)通过纬度形成的气温梯度研究温度对森林凋落物分解速率的影响,也有通过海拔形成的气温梯度进行的研究(Heanev 等,1989)。Vitousek(1994)在太平洋热带岛屿 Mauna Loa 的研究表明,随海拔升高,气温降低,枯落物的分解速率呈指数降低,枯落物的表观温度每升高 10 ℃时分解速率成比例增加的倍数为 4.0 ~ 6.2。Heanev(1989)在哥斯达黎加 2 500 m 的垂直高度带上,发现随海拔升高分解速率下降 2.7 倍。

降雨可制约凋落物化学成分淋溶的物理过程。降雨量越大,表层凋落物的解体越快(代力民等,2001)。水分还可通过影响分解者的活性来影响凋落物失重速率和营养释放速率(Heanev 等,1989)。在热带生态系统中,降雨量对凋落物分解有直接的正效应(Smith 等,1989)。在一些温带生态系统中,高降雨量的嫌气条件反而使凋落物分解减慢。

环境中的营养条件对枯落物的分解速率也有影响。一般认为,生长在营养贫瘠土壤上的植物,其凋落物分解慢。这是因为土壤中的养分含量越低,凋落物的 C/N 比越高,耐分解化合物的含量越多,凋落物分解越慢(Schlesinger,1981)。有研究报道,增加 N 的供给可提高凋落物 N 含量,凋落物 N 含量越高,分解越快(Coulson 等,1978)。同时在大气 N 沉降强烈的地区进行的研究表明,大气 N 沉降的增加会加快凋落物分解和营养的释放。但也有相反的报道,Pastor 等(1987)观察到增加 N 的供给,并未增加枯落物的 N 含量。N 沉降对凋落物分解甚至起减缓作用(Berg 等,2000)。全球变化的大气 CO_2 浓度的上升对森林生态系统产生的肥效作用,则会使凋落物 C/N 比增加,分解速率下降。

　　气候和其他非生物环境条件的作用是多重的,一方面直接作用于凋落物分解过程,如降雨对淋溶的影响,另一方面通过影响凋落物质量、微生物和土壤动物的活动而间接作用于分解过程。总之,气候条件对凋落物分解有着极其重要的影响。

　　2)微生物和土壤动物对凋落物分解的影响

　　枯落物中难分解成分不易通过物理和化学的作用降解。微生物和土壤动物对这些成分进行生物降解。Crossley 等发现(1962),微节肢动物多的山茱萸叶分解较快。Vossbrinck 等(1979)用不同孔径的凋落物分解袋和杀菌处理来区分微生物、土壤动物和非生物因素对凋落物分解的贡献。发现无生物作用的枯草分解速率为 7.2%,只有微生物的分解速率为 15.2%,三者共同作用的分解速率为 29.4%。Zlotin (1971)研究结论中 3 个对应值为 21%、24%、28%。Vossbrinck 等(1979)认为,微节肢动物在森林凋落物的分解中起重要作用,其活性能刺激营养的释放或固定。森林凋落物的分解中凋落物质量是本质因素,生物过程是主导过程,物理和化学过程也有重要地位。C/N 比和木质素是最重要的凋落物质量指标。在凋落物分解的前期,物理和化学的分解作用强,对应于凋落物的快速淋溶失重,高温潮湿有利于该过程。分解后期主要为生物作用,其过程有赖于生物分解者的活动,即微生物和土壤动物的种类、数量、活性。但两个过程并非截然分开,微生物和土壤动物的活动能促进淋溶,物理和化学作用形成的碎裂也有利于微生物和土壤动物的分解活动。

　　凋落物对森林环境的影响是凋落物研究的一个重要方面。凋落物对环境的影响是多方面的,除了前面提到的对土壤肥力的影响及保持水土的作用,凋落物还因其遮光、保温、保湿和机械阻碍等作用而影响森林中植物种子的萌发和幼苗的生长,进而影响植物群落的结构和动态。

　　关于凋落物对森林环境的影响,目前因研究方法不统一,存在研究结果可比性差的问题,且跨气候带的相关比较研究尚很少见。今后的凋落物研究应注重:全球范围的生态系统定位站网络,应采用相对统一的研究方法,获得可比性强的数据进行综合,以形成一个全球凋落物分解的总体数量格局;深化对凋落物分解机制的研究,建立包含多个分解因子的数量模型,优化现在主要以单一因素建立的分解速率方程;与近红外光谱技术、遥感技术、GIS 等相结合,逐步实现对全球凋落物动态的实时监测;与全球变化的研究相结合,研究全球变化如全球气候变化、环境污染、生境破碎化等对凋落物量和凋落物分解的可能影响及后者对前者的响应。

1.3　不同林型及抚育措施的作用效果研究进展

1.3.1　抚育间伐对森林生长状况及生物量的作用

抚育间伐可以促进林分林木生长,提高林分生物量的结论已被很多研究证实。雷相东等(2005)以落叶松云冷杉混交林为对象,间伐后12 年观测,结果表明,间伐促进了保留木生长的显著增加,但不同间伐强度间无显著差异。林分及单木的直径、断面积和蓄积生长率均表现为随间伐强度的增加而增加,但总收获量影响不大。未间伐样地表现为较高的枯损。相关研究很多,结果均表明,间伐可以增加林分生物量(张水松等,2005;项文化等,2001;孙洪志等,2004)。抚育间伐影响林分生产力。潘辉等(2003)对巨尾桉林分设置不同间伐强度处理,结果表明,不同间伐强度对林分胸径生长、立木单株材积的影响达极显著水平;对林分树高、蓄积量及生物量生长有一定的影响,但不显著。人们还研究建立了数量化抚育间伐模型,用于预估首次下层抚育间伐量(许彦红,2003)。

1.3.2　抚育间伐对森林生态系统多样性的作用

抚育间伐对森林生态系统生物多样性能够产生深远影响。尤其在研究间伐对林下植被和灌木的生物多样性影响方面,不同的学者得出的结论不尽相同。许多研究认为,间伐后物种多样性比间伐前高。如Smith 等(1989)在研究间伐对生物多样性影响时认为:集约间伐的林分比没间伐的林分有更高的植物丰度;随着收获强度的增加,地被和灌木盖度也随着增加。罗菊春等(1997)比较了长白山林区间伐后的红松林与皆伐后形成的白桦次生林的植物多样性,认为白桦及其下层木的群落多样性高于红松林。一些研究认为,间伐对物种多样性无显著影响。Field(1992)认为草本物种的数量和频度随上层部分间伐强度的增加而没有出现显著的变化。还有一些研究认为间伐和其他的人为干扰会导致草本植物丰富度或多样性的长期下降,间伐导致一个或多个地层物种优势度的增加,这样会减少整个地层的多样性。总之,这些结果表明,间伐对地层植物多样性和群落组成的影响十分复杂,要根据具体情况分别对待。

1.3.3 抚育间伐对森林土壤的作用

适宜的抚育间伐会改变土壤养分状况。有研究表明(张鼎华等,2001;林有乐,2003),抚育间伐后,林下植被覆盖度、植被生物量和物种丰富度有了较大幅度的增加,土壤微生物数量增加、酶活性增强、土壤容重降低、总孔隙度和速效养分提高,土壤肥力得到了改善和提高。间伐的强度越大,增加的幅度越大。森林土壤是生态系统的重要组成部分,是林木赖以生存的物质基础。间伐会导致土壤的扰动,从而可能影响土壤水 - 气系统以及水分和养分的供应,导致水、气、热等条件的剧烈变化,从而使林下土壤的性质发生一系列变化,张鼎华等(2001)研究了杉木(*Cunninghamia lancealata*)、马尾松(*Pinus massoniana*)、建柏(*Fokienia hodginsii*)、柳杉(*Cryptomeria fortunei*)和木荷(*Schimasuperba*)人工林的抚育间伐对林分土壤肥力的影响,结果表明,间伐林分两年后土壤微生物数量增加、酶活性增强、土壤容重降低、总孔隙度和速效养分提高,土壤肥力得到改善和提高。间伐会增加土壤中有效营养元素的含量,林地土壤有机质、全 N、全 P、水解 N、速效 N、速效 K、硅酸盐和硫酸盐的阳离子和阴离子浓度,其增加量随着间伐强度的加大而提高,在间伐强度大的地方 pH 值最高而 C/N 比和 C/P 比值倾向于最小。另外,间伐对土壤养分的影响还与研究区气候有关,胡建伟等研究表明,随着间伐强度的提高,在寒冷多湿地区,土壤肥力增加,而在温暖的气候条件下,土壤肥力则降低。此外,间伐对土壤水分也有很大影响,景芸等(2004)研究了间伐前后对水分物理性质变化的影响,结果表明,各种间伐作业后,土壤容积质量、结构体破坏率都有所增加;土壤水稳性团聚体含量有所下降,毛管孔隙度、非毛管孔隙度和总孔隙度比间伐前小。间伐对土壤造成的干扰包括地表泥土的移动、碾压、土壤结构的破坏、孔隙度的减少,有机质的重新分配和搅和等。这种干扰是长期存在的,间伐强度越大,对林地的干扰越严重。也有学者认为轻微干扰可以改善土壤孔隙。间伐后土壤生物活性增强,间伐后无论是氧化还原酶系还是水解酶系,酶活性都得到了提高,表明各林分间伐后土壤有机质分解速度的提高大于合成速度的提高(张鼎华等,2001)。间伐后土壤微生物数量的增加,表明土壤的生物活性得到了提高,会加速土壤养分的循环速率,促进林木的生长(李春明等,2003)。

1.4 辽东森林现状及存在的问题

辽东森林不仅是辽宁省重要的水源涵养林基地,也是商品材生产基地,同时是辽宁中部城乡的绿色屏障,承担着发展经济、改善生态环境的双重使命,辽东山区的森林资源在涵养水源、保持水土、调节气候、抗御和防止自然灾害、维持生态平衡及保护生物多样性方面起着重要作用。目前存在部分森林质量下降、森林多样性下降、林地土壤衰退等问题(迟德霞,2006)。

(1)森林资源的质量不高。森林资源的质量不仅体现在可直接利用经济价值的多少上,还应体现在森林生态系统生产力和生物多样性上。辽东林区森林资源质量不高,首先表现在林地生产力不高,本区森林多为天然次生林(约占86%),且大部分为中、幼龄林(约占93%),林分质量差,单位面积蓄积量低($34.2\ m^3/hm^2$),只相当于世界平均水平的31%。全区尚有 39.9 万 hm^2 无林地需要绿化,有 61 万 hm^2 柞蚕场林木稀少,部分已出现林地裸露,地力衰退问题已日益显现。质量不高还表现在物种多样性和生态系统多样性的下降。长期以来,东部山区一方面对天然次生林采取伐好留劣的掠夺式采伐,使次生林资源的生态系统出现衰退趋势。例如,辽东山区地带性顶级森林植被群落——阔叶红松林现已绝迹,演变成阔叶次生林。珍贵树种(水曲柳、黄菠萝、刺楸等)比重急剧下降,且面临绝迹,可供采伐利用的阔叶树资源日趋减少。另一方面不注重现有林的经营管理工作,使本区大面积天然次生林和人工林得不到及时抚育,林下植被稀少,森林生态系统的功能削弱。由于森林生态系统的衰退,使物种多样性受到了严重破坏,造成本区特产的野生动植物资源数量和种类日趋减少或绝迹。

(2)森林的环境服务功能不强。由于对森林资源的过度开发,生态环境日趋恶化。辽东地区的丹东、本溪和抚顺三市水土流失面积占全省的35%,占自身土地面积的25%,水土流失强度仍在增加,强度以上流失面积由1996年的1.6万hm² 增长到2000年的9.8万hm²,增加近5倍,其中极强度流失和剧烈流失面积分别达到5万hm²和1.3万hm²,占全省同级别流失面积的53%和66%。过去很少发生干旱现象的东部地区,进入20世纪80年代,春旱秋吊不断发生,水灾发生频率由20世纪50年代以前的10年多一遇,增加到80年代以来的3年一遇,近几年还多次出现了多年不见的沙尘天气。几条主要河流泥沙含量增加了7%~15.7%,河流洪枯期流量差额巨大,其中浑河达1 040倍,使水资源供给能力日趋贫乏,地下水位下降,已严重影响了下游工农业生产及人民生产和生活。可见,目前东部山区的森林生态系统已很难满足森林的环境服务功能。

(3)人与森林之间的矛盾日趋尖锐。据史料记载,东部山区在清初曾作为清朝发祥地而受到禁伐和保护,至1904年以后,从沙俄开始到后期日本占领,本区丰富的森林资源及自然景观遭到严重破坏,森林资源的物质产品的供应能力和环境服务功能日趋下降(谭学仁,2005)。

辽宁东部山区森林类型多样,天然次生林和人工林均有较大面积,是该地区大气、土壤、水分循环中的重要环节,在当地的生态系统中发挥不可替代的作用。为定量研究抚育间伐措施对天然林和人工林的作用效果,本项研究利用辽宁省森林经营研究所的多年固定标准地,在已抚育间伐近22年的红松林内和抚育间伐近12年的杂木林及柞树林内设置样地,分别代表人工林和天然林这两种辽东林区的主要林种。本书系统地研究了试验地区林分的生物量、枯枝落叶性质、分解规律、对土壤作用效果,探讨不同抚育间伐强度下林分的作用效果。旨在使现有林分结构更为合理,使森林可持续发挥其应有的作用。

1.5 研究意义

(1)辽东山区是辽宁省生态建设的典型示范区,森林结构较复杂,林木组成多样,研究该地区不同林型及抚育措施的森林作用,对于揭示不同林型作用效果的机理,进而对该地区今后森林培育工作中的林型选择及营林措施的确定,具有一定的指导意义。

(2)辽宁省东部地区主要由龙岗山脉和千山山脉所构成,其天然林和人工林在涵养水源、保持水土、调节气候、抗御和防止自然灾害、维持生态平衡及保护生物多样性方面起着重要作用,是辽宁省浑河、太子河、柴河、清河、苏子河等主要河流的发源地和集水区。试验地特殊的地理位置使得该地区森林的作用尤为重要。本项研究针对辽东林区目前存在的问题,探讨不同林型及抚育措施的生态效果,对改良该地区森林结构、提高森林作用具有重要的指导意义。

(3)枯枝落叶层是森林系统中十分重要的层次,在森林生态系统中发挥着不可替代的作用,是整个地球大循环的组成部分。对辽东山区森林枯枝落叶层的研究尚处于起步阶段,故本项研究从研究内容和研究方法上,对促进该地区森林可持续利用是一项有力的补充。

总之,本项研究在试验设计中充分利用和借鉴辽宁省森林经营研究所多年的试验条件与试验结果,对辽东三种主要林型及各自不同强度的间伐试验固定标准地进行研究,旨在确定适合于不同林型的合理间伐强度,从而指导当地的生产实践,并以此作为深入研究抚育措施对森林系统作用机理的理论探讨。

第 2 章　试验地区自然概况及研究内容

2.1　研究地区自然概况

辽宁省东部林区被誉为辽宁的天然屏障,也是辽宁省主要的水源涵养林和用材林基地。森林面积 230 万 hm^2,占辽宁省有林地面积的 61.7%;森林蓄积量 1.3 亿 m^3,占辽宁省森林总蓄积量的 77.9%;其中水源涵养林 110 万 hm^2,年涵养水源 120 亿 t,每年为中部城乡提供工农业生产和人民生活用水 70 亿 t,占该地区用水量的 80%,依靠该地区水源发电量占全省发电量的 50%,是全国城市供水九大重点水源地之一。

辽东林区森林类型多样,包括天然次生林、落叶松林、红松林等,天然林和人工林均为该地区重要的森林类型,对维持整个区域生态系统的平衡起到重要作用。

2.1.1　地理位置

试验地位于辽宁省森林经营研究所的固定试验地。该试验地位于辽宁东部山区中部的本溪县草河口镇,地理坐标为东经 123°51′、北纬 40°53′,海拔为 280 m。

2.1.2　气候特征

研究地区地处中纬度地区,属暖热带季风型大陆性气候,四季分明。降水量较多,是东北地区降水量最多的地区,年平均降水量为 900 ~ 1 100 mm。年平均气温为 9.5 ℃,南北温差约 2 ℃。冬季虽长,但严寒期(日平均气温低于 − 10 ℃的时期)较短,极端最低气温为 − 38.5 ℃。夏季虽热,但炎热期(日平均气温达 25 ℃或以上时期)较短,一般 20 d

左右,极端最高气温 36.7 ℃。年平均日照时数 2 800 h,年平均湿度 60%,风级 2 ~ 3 级。

2.1.3　地形地貌

辽东山区是长白山支脉哈达岭的延伸部分,地势由东北向西南逐渐降低,按高程和地形特征,可划分为北部中低山区、南部丘陵区、南缘沿海平原区 3 类规模较大的地貌单元。其中以山地和丘陵为主,局部还有阶地、台地等小型地貌单元。地貌特点是八山半水一分田、半分道路和庄园。

2.1.4　土壤特征

辽东山区土壤主要基岩为花岗岩、片麻岩、玄武岩和其他变质岩。主要土壤种类为棕壤和暗棕壤,河谷阶地为冲积性草甸土和潜育性草甸土,土层厚度 0.2 ~ 0.3 m,质地一般为壤土和沙壤土,质地疏松,多显酸性和中性。阳坡土壤较干燥贫瘠,阴坡土壤湿度较大,适于森林植物生长。表层腐殖质含量 5% ~ 10%。

2.1.5　植被特征

辽东山区植被类型丰富,全区属长白植物区系,地带性植被为阔叶红松林。自然资源、生物资源丰富,构成庞大的生物基因库,具有长白和华北植物区系的植物 2 000 多种,地带性植物群落中人工林约占 16%,以落叶松林、油松林、红松林为主,天然次生林包括柞树林、杂木林等。森林植物成分具有明显的长白植物区系特征,原生时期的代表植物有红松(*Pinus Koraiensis*),建群种除红松外还有蒙古栎(*Quercus mongolica*)、紫椴(*Tilia amurensis*)、色木槭(*Acer mono*)、黄菠萝(*Phellodendron amurense*)、胡桃楸(*Juglans mandshurica*)、水曲柳(*Fraxinus mandshurica*)和桦树(*Betula platyphylla*)等。次生林主要以柞属(*Quercus*)、桦属(*Betura*)、杨属(*Populus spp.*)、槭属(*Acer*)等树种为主。

2.2 研究目的与内容

　　本书的研究目的是研究不同抚育措施对各林型生长状况及生物量、生物多样性和枯枝落叶性质的作用效果,从而探讨抚育措施对森林作用的影响。研究内容针对辽东森林目前存在的问题,该结果既可指导当地合理造林、经营的生产实践,又可为研究森林生态系统作用的机理提供理论支持。

第 3 章　抚育措施对各林型生长及森林生物量的作用

3.1　引言

　　林分生物量决定着凋落物量。凋落物是林地土壤养分来源的重要组成成分,故林木生物量影响着林地土壤养分状况。同时,林木生物量又受林地土壤状况的制约。建立林木生长稳定、养分循环顺畅的森林生态系统,是实现森林可持续经营的关键。随着人们对林业与环境关系认识的不断深入,可持续林业、近自然林业等森林经营管理新理论在发达国家林业实践中首先得到应用。新形势下,人们对林业提出了以下新的要求。

　　(1)提高森林生物多样性。近自然林业强调多树种的混交,保证森林生态系统的生物多样性。通过适宜的抚育间伐,发展异龄复层混交林,人工诱导形成稳定、理想的群落结构,就能给更多的动物提供足够的食物,并且给许多特殊物种提供栖息地,从而增加森林生物多样性。

　　(2)保证森林生态过程的连续性和独特性。发展的近自然林业的理论观点是:为了人类的需求,在保持森林自然结构的前提下允许作偏离自然的林业经营活动,通过人工手段促进天然林的恢复,使森林进入发展演替,在森林出现衰退前获取其损失的一部分,以维持森林生物的总量。因此,抚育间伐就要使林分能进行接近生态的自发生产,保持森林生物群落的动态平衡。

　　(3)提高人工林的景观多样性和异质性。天然林组成复杂,结构层次多样,构成的景色绚丽多彩;而人工林组成单一,结构层次简单,景观单调平淡。因此,抚育间伐的目标就是形成多层次复层结构的、生物种类较丰富的、近自然的人工群落,从而提高森林的生态服务功能。林分生物量既是评价森林系统养分供应状况的指标,也是反映森林系统养分循环状态的表观因子。

采取抚育间伐措施,能够改善林木生长环境条件,促进林木生长,不同间伐强度,其促进林木生长的效果也不尽相同,且不同林型对抚育间伐强度要求的反应也不相同。对于森林抚育在森林培育中的作用,奥地利著名森林培育学家汉斯·迈耶尔(1980)讲到:一个符合自然规律的健康而又富有生命力的森林,不仅可以生产优质木材,还可以发挥人们所期望的为社会公益服务的效能。间伐强度是抚育间伐措施的一个重要指标,对后续林分有直接影响,对加速森林资源培育具有重要意义,是抚育间伐研究的重点。人们以林木胸径、树高、单株材积、林分总蓄积量、生产力和生物多样性等为评价指标,研究和探索不同间伐强度的效果,总结相关规律,以作为制定间伐强度的依据。对于间伐对胸径、树高和单株材积生长影响的研究有着较为一致的结论,即不同的间伐强度对林分平均胸径生长的影响差异极显著,但对树高影响不大,相应地能显著提高林木单株材积生长量。邵锦锋和魏柏松对湿地松林的研究,雷相东、陆元昌等(2005)对落叶松云冷杉混交林的研究,林少华对马尾松的抚育试验研究,宋庆安、李午平对马尾松天然次生林的试验研究,孙志虎、王庆成等对白桦天然林的研究以及张春锋、殷鸣放等对人工阔叶红松林生长的研究,都得到了相同的结论。但是由于这些研究在树种、立地条件、间伐模式、轮伐期、调查方法等方面存在差异,不同抚育间伐强度对林分总蓄积量(收获量)的影响目前还没有一致的结论。探讨适合于不同林型的间伐强度的研究一直在进行。不同强度抚育间伐下各林型的生物量研究本书主要集中在六个方面:①叶面积指数;②株数变化;③胸径生长量;④单株材积;⑤蓄积生长量;⑥生物量。

3.2 结果与分析

3.2.1 叶面积指数

光合作用是绿色植物利用光能,将无机物合成有机物的过程。由于光合作用的主要发生器官是叶片,叶面积的大小及其分布直接影响着林分对光能的截获及利用,进而影响着林分生产力(朱春全等,1995)。叶面积指数(LAI)作为一个重要的生理指标,在气体交换、光合产量、水分利用等方面都是不可或缺的参数。叶面积指数定义为单位地表面积上的总叶表面积的一半,它决定了陆地表面植被的生产力,影响着地表和大气之间的相互作用。叶面积指数是森林生态系统的一个重要结构参数,叶片影响着植被冠层内的许多生物化学过程,在生态过程、大气生态系统的交互作用以及全球变化等研究中都需要叶面积指数的资料(周存宇,2003)。

叶面积指数既受林分单片叶面积大小影响,也受林分整个叶片数量影响,是一个综合指标。

3.2.1.1 不同间伐强度下杂木林的叶面积指数

由图 3-1 可知,不同间伐强度下杂木林的叶面积指数,弱度间伐区最高,达到 2.30;其次为对照区,为 2.28;强度间伐区和中度间伐区最小,分别为 2.24 和 2.21。总体看,不同间伐强度下的叶面积指数相差不大。相差最大的弱度间伐区和中度间伐区仅相差 3.64%。

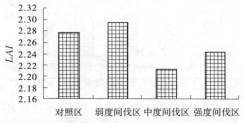

图 3-1 不同间伐强度下杂木林的叶面积指数

　　方差分析结果表明,不同间伐强度下杂木林叶面积指数差异不显著,$F = 0.32$($F_{0.05(3,8)} = 4.07$)。这也说明不同间伐强度下,杂木林群体叶面积自身调节能力很强。本研究结果为间伐后生长约 10 年的数据,在这段时间内,当间伐强度很弱时,群体株数较多,但个体占有的生态空间较小,导致每个个体叶面积较小;当间伐强度很强时,群体株数较少,但个体占有的生态空间较大,具有较大的生态优势,导致每个个体叶面积较大,最终不同间伐强度下杂木林的群体叶面积变化不大。不同间伐强度对叶面积指数影响调查过程中发现,杂木林中林分组成较复杂,上层林木与下层林木界限不是很清晰,林相比较破碎。由于为天然次生杂木林,林内林木株数、树种组成较杂乱,间伐抚育后的林分规律性不十分明显。强度间伐区内较中度间伐区叶面积指数高,主要是因为林内色木数量较多。色木是一种阔叶乔木,主要生长在林冠下层,间伐后由于获得足够的生长空间而生长良好,并成为主要树种之一。因此,强度间伐区的叶面积指数比中度间伐区略有提高。

3.2.1.2　不同间伐强度下红松林的叶面积指数

　　从图 3-2 可知,不同间伐强度下红松林的叶面积指数不同。其中,弱度间伐区最高,达到 2.330;中度间伐区次之,为 2.327;强度间伐区较小,为 2.261;对照区最低,仅为 2.232。叶面积指数最大相差(弱度间伐区和对照区)4.18%。三个间伐区较对照区都有不同程度的提高。

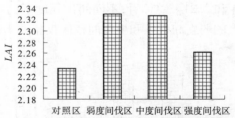

图 3-2　不同间伐强度下红松林的叶面积指数

　　方差分析结果表明,不同间伐强度下红松林叶面积指数差异不显著,$F = 0.45$($F_{0.05(3,8)} = 4.07$)。说明不同间伐强度下,红松林群体叶面积变化不大。这也与研究样地的林分间伐后已生长近 20 年,林分自身调节时间较长有关。

本研究中叶面积指数变化规律为弱度间伐区＞中度间伐区＞强度间伐区＞对照区。分析其变化原因，主要是林分叶面积由单株叶面积和林木株数决定。红松为针叶树种，单片叶片较小，中度间伐区和强度间伐区内由于林内光照条件得到有效改善，下木及灌草种类和数量均明显增多。调查中发现，下木主要以阔叶树为主，故叶面积指数较对照区高。间伐抚育后，林内光照、水分等条件较对照区均有所改善，叶面积指数都比对照区高。三种间伐强度下叶面积指数的差异，主要还是由保留株数决定。作叶面积指数的相关分析，结果表明，叶面积指数与保留株数极相关。

3.2.1.3　不同间伐强度下柞树林的叶面积指数

从图 3-3 可知，不同间伐强度下柞树林的叶面积指数情况为，中度间伐区最高，为 2.22；弱度间伐区和强度间伐区次之，分别为 2.21 和 2.19；对照区最小，为 2.15；叶面积指数相差最大（中度间伐区和对照区）为 3.43%。各间伐区的叶面积指数较对照区均有所提高，但提高幅度略有不同。

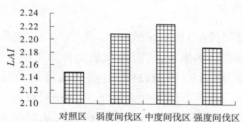

图 3-3　不同间伐强度下柞树林的叶面积指数

方差分析结果表明，不同间伐强度下柞树林叶面积指数差异不显著，$F = 0.20$（$F_{0.05(3,8)} = 4.07$）。说明不同间伐强度下，柞树林群体叶面积变化不大。

分析柞树叶面积指数变化规律，间伐抚育后各间伐强度下单株叶面积增大，较之针叶树种增长效果更明显。分析图 3-3，经不同强度的抚育间伐处理后，叶面积指数均较对照区有所提高；对照区和弱度间伐区虽然保留株数较大，但叶面积指数比中度间伐区小。可见，在阔叶树林中,由于间伐改变了林内光照、水分等林内环境,对株数和单株叶面积指数的综合影响结果为中度间伐对林木的光合作用最有利。

对比不同树种的林分间,杂木林的叶面积指数平均值为2.26,红松为2.29,柞树林为2.19。红松虽为针叶树种,但针叶量大,叶面积指数较高,杂木林和柞树林单片叶片叶面积较大,但叶面积指数反不如红松高,也证实了叶面积指数为一综合指标,取决于单片叶面积,也取决于生物量。

对比图3-1、图3-2、图3-3可知,对于不同的树种,抚育间伐引起的效果不尽相同。对于杂木林,由于林分为天然次生林,林内树种组成较复杂,上层木和下层木的划分也不十分清晰,抚育间伐对其叶面积指数影响方差分析不显著;对于红松林,为针叶林林分,抚育间伐后由于光照条件的改善,林分内物种多样性得到改善,下木的阔叶树和草本层相对增长率较高;对于柞树林,为纯阔叶林,抚育间伐措施对增加单片叶片面积的作用效果更为显著。综合分析,抚育间伐一段时间后,林木能自身调节群体叶面积指数,各抚育间伐间差异不显著。

3.2.2　株数变化

林分经抚育间伐后,林木株数减少,光照、水分、温度等环境因子相应发生变化。随着林木生长,可能再次超出林地土壤等的承载能力,林木自然稀疏现象会发生。因此,林分自然稀疏现象是反映林分密度合理性的重要指标。调查不同间伐强度下生长一段时间(约10年)的林木株数变化情况,能够为确定合理的林分密度,从而确定合理的间伐强度提供有力依据。

在试验中发现,天然次生林各处理区在间伐以后,林木仍有自然稀疏现象发生,而红松人工纯林中这种现象不明显,因此本书没有对红松人工林进行讨论。

3.2.2.1　杂木林内的株数变化

间伐强度对林木株数的影响呈现出很强的规律性,间伐强度越大,自然稀疏死亡的林木株数越小。由表3-1可以看出,四个标准地内的林木都有死亡,在10年内,林木株数呈下降趋势(见图3-4),下降幅度最大的是对照区,较 1995 年减少了 435 株/hm² ,下降幅度最小的是强度间伐区和中度间伐区,只死亡了 75 株/hm² 。经过 10 年的自然稀疏过程,2004 年每木检尺时,采取不同抚育措施后林分内林木株数由 1995 年相差 540 株/hm² 变为相差 180 株/hm² ,说明在壮龄杂木林内,林分内的林木株数将保持在一个较稳定的数值。幼龄阶段树木株数较多,会引起强烈自然稀疏。这主要是因为生态系统的能量供应和物质供应是有一定限度的,植物株数增加,种间竞争激烈。故在抚育措施上,应摸清生态系统的承载能力,确定适宜的林木株数。

表 3-1　不同间伐强度下杂木林保留株数　(单位:株/hm²)

间伐强度	1995 年	1998 年	2001 年	2004 年
对照区	1 440	1 245	1 065	1 005
弱度间伐区	1 230	1 125	1 050	990
中度间伐区	990	990	945	915
强度间伐区	900	870	825	825

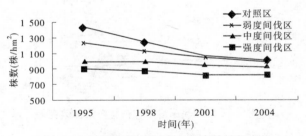

图 3-4　不同间伐强度下杂木林内的株数变化

试验设计中对照区和弱度间伐区的树木分别死亡 435 株/hm² 和 240 株/hm² ,将近原来株数的 1/4,保留株数接近强度间伐区和中度间伐区的原株数,说明 900~990 株/hm² 是适合当地植物和立地情况的生态容量。

3.2.2.2　柞树林内的株数变化

间伐强度对柞树林株数影响的规律与杂木林较相似,间伐强度越大,自然稀疏死亡的林木株数越小(弱度间伐区除外)。由表 3-2 可以看出,四个标准地内的林木都存在自然稀疏现象。在 10 年内,林木株数总体呈下降趋势(见图 3-5),2004 年每木检尺时,林木株数由 1995 年相差最大的 1 065 株/hm² 变为 2004 年的 645 株/hm²。对照区树木死亡株数最多,为 630 株/hm²,2004 年调查时,自然稀疏现象仍在继续;强度间伐区林木死亡株数为 195 株/hm²;中度间伐区为 210 株/hm²;弱度间伐区为 90 株/hm²。

表 3-2   不同间伐强度下柞树林保留株数 (单位:株/hm²)

间伐强度	1995 年	1998 年	2001 年	2004 年
对照区	2 040	1 770	1 590	1 410
弱度间伐区	1 485	1 410	1 395	1 395
中度间伐区	975	915	795	765
强度间伐区	975	870	780	780

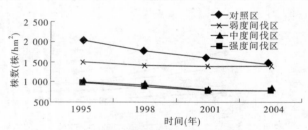

图 3-5   不同间伐强度下柞树林内的株数变化

3.2.3   林木胸径生长状况

有研究表明(刘平等,2000),抚育间伐对直径生长有极显著影响。胸高直径(DBH)生长量随着林分密度的减小而增加,间伐的林分与未间伐的林分相比,经过一定时间之后林分平均直径要大得多。在速生、喜光树种的林分中,林木之间的竞争影响直径生长更为显著。为了得到最大直径生长,常在同龄林分生长过程中保持较低的林分密度。在任一既定的年龄存在一个最小林分密度限,当林分密度低于这个限值之后,林分直径生长量不再增加。在因竞争而引起直径生长量减小的林分中,由于间伐扩大生长空间的效应与树种、年龄及立地质量有关,树冠明显减小的老龄树木,其直径增加的效果不如树龄小的树木明显。另外,在同一林分中,对于受竞争影响相对不大的优势木,虽扩大了生长空间,但其直径生长的相对速度不如矮小树木的大(李耀翔,2000)。

3.2.3.1　不同间伐强度下杂木林的平均胸径变化

每 3 年对不同间伐强度的杂木林每木检尺,求算林分平均胸径,结果如图 3-6 所示。杂木林不同间伐强度下的胸径生长在 10 年间均有不同程度的增长。从胸径与时间的生长关系曲线(见图 3-7)上可以看出,中度间伐区林木胸径增长较平稳,弱度间伐区在 1998 ~ 2001 年间生长似受到抑制,2001 年以后又进入快速生长阶段。对照区在 1995 ~ 1998 年间生长迅速,到 1998 年后生长曲线平滑上升,生长速度较 1998 年前有所降低。强度间伐区生长速度在 1998 年后下降明显。

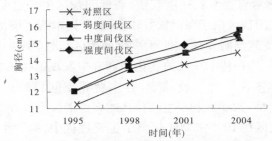

图 3-6　不同间伐强度下杂木林的平均胸径变化

其中,对照区从 11.155 cm 增长到 14.465 cm,增长了 29.67%,胸径平均每年增长 0.33 cm;弱度间伐区从 12.029 cm 增长到 15.787 cm,增长了 31.25%,胸径平均每年增长 0.38 cm;中度间伐区从 12.139 cm 增长到 15.325 cm,增长了 26.25%,胸径平均每年增长 0.26 cm;强度间伐区从 12.770 cm 增长到 15.454 cm,增长了 21.01%,胸径平均每年增长 0.21 cm。增长幅度最大的为弱度间伐区,其次为对照区和中度间伐区,增长幅度最小的为强度间伐区。

对各间伐强度下杂木林木胸径每年定期生长量作方差分析,结果表明,不同间伐强度下杂木林胸径差异极显著,$F = 61.22$($F_{0.05(3,8)} =$

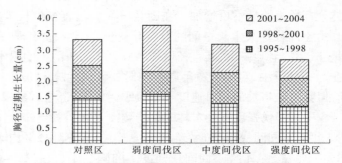

图 3-7   不同间伐强度下杂木林胸径定期生长量

$4.07, F_{0.01(3,8)} = 7.59$）。说明抚育间伐对杂木林胸径生长作用明显。

分析图 3-6、图 3-7,1995~1998 年间,间伐初期的 3 年内各试验区林木生长均较迅速。这是由于间伐使得林木株数减少,单株树木的营养空间得到扩大,故在胸径生长上体现较明显。1998~2001 年间,中度间伐区的林木直径生长速度较快,弱度间伐区生长速度明显减慢。对照区和弱度间伐区由于保留株数较多,随着树木的生长,营养竞争逐渐激烈,生长受到抑制。在此期间,弱度间伐区和对照区内林木自然稀疏现象较明显,这在林木株数的变化和调查中发现的枯死木均能得到印证。随着林木株数的不断减少,林木营养空间得到扩大,因此在 2001~2004 年间,对照区和弱度间伐区的直径增长速度较快。

中度间伐区在 1995~2004 年整个生长过程中,胸径生长较平稳,可以反映出该间伐强度较适合林地养分供给水平,林木自然稀疏不如弱度间伐区和对照区强烈。强度间伐区在 2001 年之前生长较迅速,2001~2004 年间直径生长比较慢,分析原因是林木单位密度小,冠下草本和灌木大量生长,和乔木争夺水分、养分,使得乔木生长受到限制,这在植物多度分析中可以得到印证。

3.2.3.2   不同间伐强度下红松林的平均胸径变化

红松林是在 1985 年设置的标准地内进行观测。林分平均胸径如图 3-8 所示。从胸径生长曲线上可以看出,强度间伐区内红松平均胸径在间伐初期较其他各试验区高。中度间伐区红松胸径增长幅度较大,且在 1999 年后生长迅速。弱度间伐区红松胸径生长较平稳,在

1999 年后生长加快。对照区红松胸径生长速度较慢,在 1999 年后生长速度有所增加。

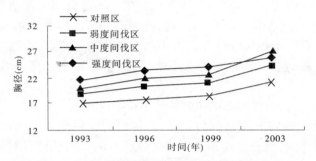

图 3-8　不同间伐强度下红松林的平均胸径变化

由图 3-9 可以看出,1993 ~ 1996 年间,间伐处理后的胸径生长均较对照区高,且以中度间伐区红松胸径生长最快。1996 ~ 1999 年间,各间伐强度区红松生长缓慢,中度间伐区较其他处理生长略快。1999 年后,中度间伐强度下的红松直径定期生长量达到 7. 15 cm,明显高于其他处理;其余处理区生长速度快慢顺序依次为:弱度间伐区 5. 51 cm,强度间伐区 4. 53 cm,对照区 4. 27 cm。

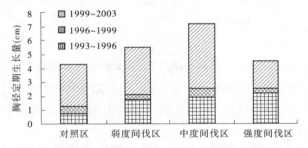

图 3-9　不同间伐强度下红松林胸径定期生长量

对各间伐强度下红松林木胸径每年定期生长量作方差分析,结果表明,不同间伐强度下红松林胸径差异极显著,$F = 56.13$($F_{0.05(3,8)} = 4.07$,$F_{0.01(3,8)} = 7.59$)。说明抚育间伐对红松林胸径生长作用明显。

间伐以后林木株数减少,林木的营养空间和光照增加,生长速度加快。而强度间伐区保留林木株数较少,冠下植物生长旺盛,种间养分和水分竞争激烈,平均直径生长反不如中度间伐区和弱度间伐区。中度间伐区由于保留株数较合理,林下植物生长不足以对主要树种的生长造成竞争,且可能由于物种的增加,林地养分情况得到改善,故林木生长状况最好。1996 ～ 1999 年间红松林木整体生长不好,根据查阅的当地气象资料,这几年间气候条件较差,故整体长势受影响(迟德霞,2006)。

3.2.3.3　不同间伐强度下柞树林的平均胸径变化

从图 3-10 可知,强度间伐区内柞树在间伐初期生长迅速,到间伐抚育约 6 年后,生长速度不如中度间伐区。弱度间伐区和对照区的林木整体长势不如中度间伐区和强度间伐区,弱度间伐区林木的生长状况要好于对照区。

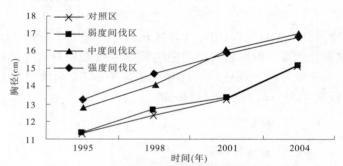

图 3-10　不同间伐强度下柞树林的平均胸径变化

由图 3-11 可知,1995 ～ 2004 年间,中度间伐柞树胸径增长量最大,达到 4.19 cm,其余依次为:弱度间伐区为 3.77 cm,对照区 3.74 cm,强度间伐区 3.52 cm。

对各间伐强度下柞树林木胸径每年定期生长量作方差分析,结果表明,不同间伐强度下柞树林胸径差异显著,$F = 5.34$($F_{0.05(3,8)} = 4.07$)。说明抚育间伐对柞树林胸径生长作用较明显。

弱度间伐区和对照区柞树胸径前期增长较快,在间伐约 3 年后生长减缓,后期增长幅度大。分析原因主要是对照区和弱度间伐区在间伐初期,林木营养空间得到有效改善,林木生长迅速,每年约达到 1.5

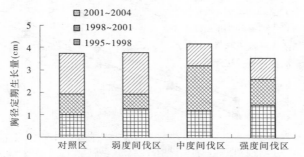

图 3-11　不同间伐强度下柞树林胸径定期生长量

cm;随着林木的生长,植株间的竞争逐渐激烈,到 1998 ~ 2001 年间,林木自然稀疏现象明显。不断减少的林木株数,使得剩余林木的营养空间得到保证,因此在 2001 ~ 2004 年间,对照区和弱度间伐区的直径增长速度较 1998 ~ 2001 年间有了很大提高。

强度间伐区在 2001 ~ 2004 年间直径生长比较慢,分析原因是林木单位密度小,冠下草本和灌木大量生长,和乔木争夺水分、养分,使得乔木生长受到限制,这在植物多度分析中可以得到印证。中度间伐区胸径生长一直较平稳,可反映出该间伐强度较适合柞树抚育。

3.2.4　单株材积

由于间伐时采用下层抚育法,主要伐去林冠下层生长落后、径级较小的林木,因此间伐强度越大,保留树木的平均直径越大,单木的平均材积也越大,初期平均材积和间伐强度成正相关。

3.2.4.1　不同间伐强度下杂木林的单株材积变化

从图 3-12 可知,在间伐初期,由于伐掉下层木,故林木平均单株材积随着间伐强度的增大而增大。生长 3 年以后,弱度间伐区的林木胸径生长速度加快。生长 6 ~ 7 年后,强度间伐区林木生长速度明显减慢,弱度间伐区林木开始快速生长,中度间伐区一直处于平稳生长状态,生长曲线没有太大起伏,对照区在生长 3 ~ 5 年后生长速度也有所下降。

由图 3-13 可以看出,杂木林在不同间伐强度下的材积增长不同。

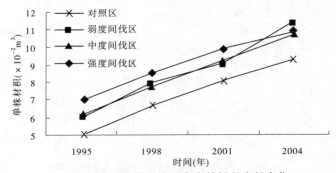

图 3-12　不同间伐强度下杂木林材积生长变化

10 年间,材积增长顺序从大到小依次为:弱度间伐区 0.054 7 m³,中度间伐区 0.045 1 m³,对照区 0.042 8 m³,强度间伐区 0.039 3 m³。各间伐强度下的林木生长平稳,在 1995～1998 年和 2001～2004 年间,弱度间伐区的单株材积生长速度明显高于其他处理。

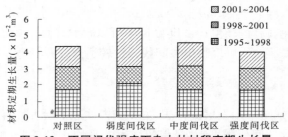

图 3-13　不同间伐强度下杂木林材积定期生长量

对各间伐强度下杂木林林木材积每年定期生长量作方差分析,结果表明,不同间伐强度下杂木林材积差异极显著,$F = 20.54 (F_{0.05(3,8)} = 4.07, F_{0.01(3,8)} = 7.59)$。说明抚育间伐对杂木林材积生长作用明显。

单株材积受胸径和树高共同影响,间伐初期,由于采取的是下层抚育,矮小、生长不良的树木均被采伐,故在间伐初期单株材积在强度间伐区内最高。随着林木的生长,强度间伐区由于光照等条件的改善,下木及草本生长旺盛,养分、水分竞争激烈,制约了主要树种的生长。而弱度间伐区由于保留了一定数量的主要树种,保证了上层树种的竞争优势,在间伐后的 3～10 年内,材积增长较平稳。中度间伐区材积生长速度较平稳,可见间伐强度较适中。对照区由于没有进行抚育间伐,林木间竞争激烈,故林木材积生长状况较间伐区差。

3.2.4.2　不同间伐强度下红松林的单株材积变化

由图 3-14 可以看出,不同间伐强度下的红松材积生长不同,中度间伐区的材积增长量最大,达到 0.19 m^3;其余各试验区单株材积增长速度依次为:弱度间伐区 0.13 m^3,强度间伐区 0.12 m^3,对照区 0.09 m^3。不同间伐强度的红松在 1993 ~ 1996 年间,单株材积生长量与间伐强度成正相关;1996 ~ 1999 年间单株材积生长缓慢,其中中度间伐区生长较快。在 1999 年后,各间伐强度下的红松生长速度明显加快,其中中度间伐区的红松单株材积生长最快。

对各间伐强度下红松林木材积每年定期生长量作方差分析,结果表明,不同间伐强度下红松林材积差异极显著,$F = 89.03$($F_{0.05(3,8)} = 4.07$,$F_{0.01(3,8)} = 7.59$)。说明抚育间伐对红松林材积生长作用明显。

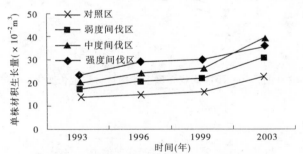

图 3-14　不同间伐强度下红松林材积生长变化

1993 ~ 1996 年间红松生长缓慢,主要和当地的气象条件有关,这与胸径的生长规律一致。从图 3-14 和图 3-15 可以看出,中度间伐区红松单株材积生长最快。

3.2.4.3　不同间伐强度下柞树林的单株材积变化

由图 3-16 和图 3-17 可以看出,柞树在不同间伐强度下的材积生长明显不同。10 年间,中度间伐区柞树的单株材积增长最大,达到 0.066 m^3;其余处理依次为强度间伐区 0.055 m^3,弱度间伐区 0.051 m^3,对照区 0.05 m^3。中度间伐下的林木生长高于其他处理。

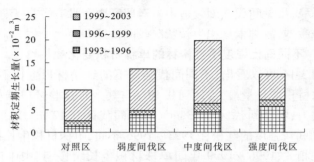

图 3-15　不同间伐强度下红松林材积定期生长量

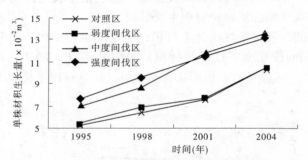

图 3-16　不同间伐强度下柞树林材积生长变化

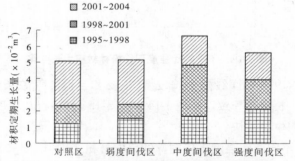

图 3-17　不同间伐强度下柞树林材积定期生长量

对各间伐强度下柞树林木材积每年定期生长量作方差分析,结果表明,不同间伐强度下柞树林材积差异极显著,$F = 17.06$($F_{0.05(3,8)} = 4.07$,$F_{0.01(3,8)} = 7.59$)。说明抚育间伐对柞树林材积生长作用明显。

间伐初期,从 1995~1998 年,各间伐区较对照均有所增加,且以强度和中度材积生长最快;1998~2001 年,中度间伐下的单株材积生长量明显高于其他处理;2001 年以后,对照区和弱度间伐区生长较快,中度间伐区和强度间伐区单株材积生长量较小。

3.2.5 蓄积量

蓄积是评定森林生产力数量的指标,单位面积蓄积的大小不仅标志着林地生产力的高低,还说明经营效果的好坏。蓄积不但受林木单株断面积、树高和形数三要素的影响,还受到林木株数的影响。由于蓄积在间伐后短时间内受到株数的影响比较大,各处理区内在调查初期,对照区的林木蓄积较大。

关于抚育间伐对森林林分蓄积的研究目前有三种看法:一是认为间伐会减少收获。支持该观点的研究较少。如杨志敏等(1991)对北京杨的研究,何美成(1991)所引用的加拿大间伐试验结果,均认为间伐会减少林地生产量。二是增加收获。支持此结论的研究较多(丁宝永,1989;周林,1994;吴际友等,1995;秦建华等,1995),从不同的间伐强度或间伐方式和未间伐林分的比较后得出,适当的间伐强度会促进林分生长,有利于林地生产力的积累。第三种观点认为间伐对林分收获基本无影响。支持这一结论的研究也相对较多。他们认为不同的间伐体制对林分的单位面积收获有或增或减的影响,但它们之间的差异却很小。在间伐对林分总收获的影响上还没有一个统一的结论,主要是由于研究者所研究的树种、立地、林分条件、间伐体制、轮伐期、调查计算方法及经营目的等诸方面存在着差异,得到的结果也各不相同。从林分的生长过程来说,间伐产生了两种效应:一种是保留林木因生长空间的扩大而出现的对林分增长效应,另一种是间伐去掉了一些林木而对林分生长的失去效应。因此,间伐对林分总收获量的影响就取决于上述两种效应的相对大小,而这种相对大小又与多方面因素有关(杜纪山等,1996)。

3.2.5.1 不同间伐强度下杂木林的蓄积变化

分析图 3-18 可以看出,杂木林在不同间伐强度下的蓄积生长均呈上升趋势,其中以弱度间伐区增长最为显著。至 2004 年,蓄积量最大的为弱度间伐区,其次为中度间伐区和对照区,强度间伐区最小。从图 3-19 可以看出,林木蓄积的定期生长量以弱度间伐区为最大,达到 2.65 m³,其次为中度间伐区 2.46 m³ 和强度间伐区 1.92 m³,对照区最小,仅为 1.4 m³。

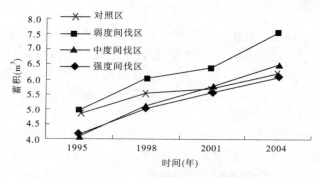

图 3-18　不同间伐强度下杂木林的蓄积变化

　　对各间伐强度下杂木林林木蓄积每年定期生长量作方差分析,结果表明,不同间伐强度下杂木林蓄积差异极显著,$F = 67.40$($F_{0.05(3,8)} = 4.07$,$F_{0.01(3,8)} = 7.59$)。说明抚育间伐对杂木林蓄积生长作用明显。

　　分析图 3-19,各间伐区在间伐初期即 1995~1998 年蓄积生长均较迅速,表明间伐措施增加了林木生长空间,故生长较快;1998~2001 年间较前 3 年的蓄积生长量均不同程度减少,表明这一时期随着林木的长大,林木生存空间又出现竞争,生长受到一定抑制,体现在蓄积上,即蓄积定期生长量增长幅度较小。强度间伐区较中度间伐区小,是由于林分经强度间伐后,下木大量萌发,中间竞争激烈,反而不利于林木生长。到 2001~2004 年间,森林的自然稀疏效应发挥作用,下木及生长不良的树种死亡,林木生存空间再一次得到扩大,蓄积生长有所增加。尤其弱度间伐区内,定期生长量十分显著,表明该间伐强度较适合林木蓄积生长。

3.2.5.2　不同间伐强度下红松林的蓄积变化

　　由图 3-20 和图 3-21 可以看出,1993~1999 年间,红松林蓄积增长

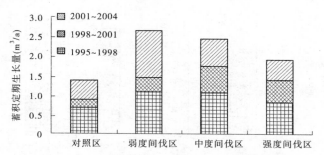

图 3-19　不同间伐强度下杂木林蓄积定期生长量

速度平缓,1999～2003 年间,生长速度开始加快。分析红松蓄积定期生长量可见,中度间伐区增加最大,依次为弱度间伐区、对照区和强度间伐区。1996～1999 年间生长不良,与这几年间气候条件较差,而红松林受气候影响较明显有关,从红松胸径、单株材积生长均可以看出。由于对照区的株数(2 070 株)远远大于弱度间伐区(1 500 株)、中度间伐区(1 170 株)和强度间伐区(945 株),故其总蓄积明显高于其他三个间伐区(见图 3-20)。

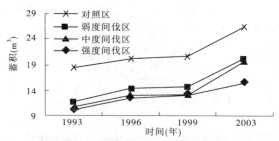

图 3-20　不同间伐强度下红松林的蓄积变化

对各间伐强度下红松林木蓄积每年定期生长量作方差分析,结果表明,不同间伐强度下红松林蓄积差异极显著,$F = 42.57$($F_{0.05(3,8)} = 4.07$,$F_{0.01(3,8)} = 7.59$)。说明抚育间伐对红松林蓄积生长作用明显。

3.2.5.3　不同间伐强度下柞树林的蓄积变化

由图 3-22 和图 3-23 可以看出,柞树在不同间伐强度下的蓄积生长不同。在 1995～2001 年间,各间伐强度下的林木蓄积增长平稳,在

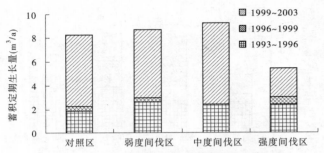

图 3-21　不同间伐强度下红松林蓄积定期生长量

2001～2004 年间弱度间伐区和对照区蓄积增长明显加快。由于对照区死亡 180 株树木,所以弱度间伐区的总蓄积超过对照区。分析原因,由于对照区自然稀疏强烈。中度间伐区和强度间伐区蓄积增长速度不如弱度间伐区和对照区。在 1995～2004 年间,蓄积增长量从高到低顺序为:弱度间伐区 4.5 m³,对照区 2.65 m³,中度间伐区 2.41 m³,强度间伐区 2.21 m³。

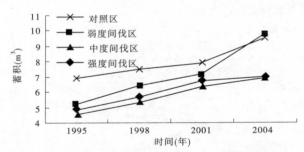

图 3-22　不同间伐强度下柞树林的蓄积变化

对各间伐强度下柞树林木蓄积每年定期生长量作方差分析,结果表明,不同间伐强度下柞树林蓄积差异极显著,$F = 121.88$($F_{0.05(3,8)} = 4.07$, $F_{0.01(3,8)} = 7.59$)。说明抚育间伐对柞树林蓄积生长作用明显。

3.2.6　生物量

生物量泛指单位面积上所有生物有机体的干重,生物量通常被认为是森林群落光合作用积累的生产量,是生态系统获取能量能力的主

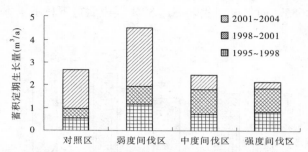

图 3-23　不同间伐强度下柞树林蓄积定期生长量

要体现,对生态系统结构的形成具有十分重要的影响。现存量是指单位面积上某个时间所测得生物有机体的总重量,通常把现存量看成生物量的同义语。

　　抚育间伐对生物量影响的研究内容主要包括对树干、树冠、灌木和草本生物量等。傅校平(2002)等在研究杉木人工林不同间伐强度对林分生物量的影响时,认为不同地位级的杉木林通过中、强度间伐可以提高林分平均单株生物量,与未间伐对照林分相比,其差异达到显著水平,说明间伐可以促进个体林木生长。不同的间伐强度能提高单株生物量,但因单位面积株数减少,故单位面积生物量并不随间伐强度任意加大而增加,反而会降低。很多研究表明,在适度的间伐强度范围内,平均单株木生物量随间伐强度的减小而减少;整个林分的生物量随间伐强度的减小而增大;不同的间伐强度对根、叶生物量分配比例影响较小,林下植被的生物量都随间伐强度的增大而增加;较大强度的间伐是促进人工林林下植被生长发育的重要途径。研究人员普遍认为,在森林群落中,除掉上层林木会使林地光照增加,而森林地被层植被的总盖度和生物量也随着林冠开阔度的增加而增加。

　　本书研究杂木林和柞树林中木本植物和草本植物的地上部分的生物量,借以反映光合作用的积累效果。由于红松林为人工林,林下生物人为干预较大,故本书未研究其生物量指标。

　　分析图 3-24 可知,杂木林中度间伐区生物量最高,强度间伐区次之,对照区第三,弱度间伐区最低。但随着间伐强度加大,林下木本植物生物量占总量比例明显提高:对照区为 48%,中度间伐区和弱度间伐区同是 68%，而强度间伐区高达 89%。说明冠下林下木本植物生长良好。

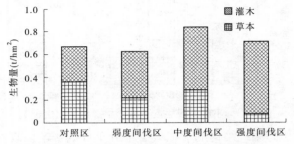

图 3-24　不同间伐强度下杂木林的生物量

对各间伐强度下杂木林林下植物生物量作方差分析，结果表明，不同间伐强度下杂木林生物量差异极显著，$F = 20.17$（$F_{0.05(3,8)} = 4.07$，$F_{0.01(3,8)} = 7.59$）。说明抚育间伐对杂木林生物量生长作用明显。

柞树林林分生物量随间伐强度的变化趋势与杂木林较一致（见图 3-25）。柞树林中度间伐区的生物量明显高于其他，强度间伐区、弱度间伐区和对照区之间相差不大，对照区高于强度间伐区，弱度间伐区的生物量最低。各处理下，强度间伐区的木本生物量所占比例最高，为 77%；中度间伐区为 58%，弱度间伐区和对照区分别为 45% 和 42%。

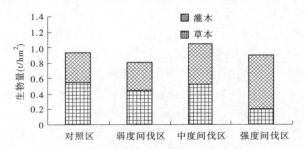

图 3-25　不同间伐强度下柞树林的生物量

对各间伐强度下柞树林下植物生物量作方差分析，结果表明，不同间伐强度下柞树林生物量差异极显著，$F = 19.63$（$F_{0.05(3,8)} = 4.07$，$F_{0.01(3,8)} = 7.59$）。说明抚育间伐对柞树林生物量生长作用明显。

3.3　结论与讨论

分析不同间伐强度下各林型的生长状况:①对于叶面积指数指标,除了杂木林对照区仅次于弱度间伐区,红松林和柞树林各间伐处理后,均较对照区有所提高,表明抚育间伐措施能够改善森林的光合面积,又利于林木生长。但抚育措施间差异不显著。方差分析结果显示,各抚育间伐强度间林分叶面积指数差异不显著,表明抚育间伐对叶面积指数影响不大。故本书不选用叶面积指数作为不同抚育措施对森林生态作用影响的评价指标。②株数变化情况。间伐年后,所有林分林木株数呈下降趋势,下降幅度最大的是对照区,下降幅度最小的是强度间伐区和中度间伐区。表明在间伐强度小或未间伐林分中,自然稀疏强烈。③林木胸径生长状况。各林分内大体遵循各间伐强度区胸径生长均较对照区快。④单株材积。除杂木林强度间伐区生长不如对照区外,红松林和柞树林间伐后材积生长均比对照区有所增加。⑤蓄积量。各林型间伐一段时间后,均好于对照区。⑥林下生物量。阔叶林中以中度间伐和强度间伐效果较好。

林下木本植物层生长状况及生物量主要取决于乔木层的林分密度和郁闭度。若上层林木的密度大者郁闭度较大,则林下光照条件差,不利于木本植物生长,木本植物层生物量小,林木生长较差;反之,林下木本植物层生长良好,生物量相对较大。草本层的生物量大小取决于乔木层和林下木本植物层的郁闭度。若上层林木的密度或者郁闭度比较大,草本层生物量相对较小。本研究结果表明,不同林型间在不同抚育措施下,大体遵循间伐能够促进植物生长,促进生物量的增加。不同的指标间、不同林型间,各间伐强度作用效果不完全一致。

抚育间伐措施能够改善树木生长环境,调节树木营养空间,促进单株树木生长。但抚育间伐强度要适度,间伐强度过小,不足以满足单株树木营养空间的要求;间伐强度过大,林下灌木和草本丛生,反而抑制主要树种生长。从胸径生长状况看,中度间伐和弱度间伐是适合于辽东山区杂木林的抚育措施。

第4章　抚育措施对各林型生物多样性的作用

4.1　引言

生物多样性是生物及其环境形成的生态复合体以及与此相关的各种生态过程的总和(钱迎倩,1994;马克平,1994),包括数以百万计的动物、植物、微生物和它们所拥有的基因,以及它们与生存环境形成的复杂的生态系统。生物多样性是群落生物组成结构的重要指标,物种丰富度和物种均匀度是与其密切相关的两个重要参数,只有森林内生物多样性越大,物种越丰富,分布越均匀时,才可以说此生物群落具有稳定的组成结构。同时,生物多样性保护也是森林可持续经营的一个重要目标(蒋有绪,1997)。对于抚育间伐对林下植被和灌木的生物多样性的影响,不同的学者得出的结论也不尽相同。许多研究认为,伐后物种的多样性比伐前高。比如于立忠等在探讨人为干扰(间伐)对红松人工林下植物多样性的影响时得出:人为干扰改变林下光照环境,促进植物生长,随着干扰(间伐)强度的增加,红松人工林下植物种类的丰富度和多样性明显高于对照区;人为经营干扰改变了红松人工林下植物组成,随着干扰强度的增加,共有物种也会增加。上述结论与Smith和Miller在研究间伐对生物多样性影响时得出的结论相似,他们认为集约间伐的林分比未间伐的林分有更高的植物丰度;随着收获强度的增加,地被和灌木的盖度也会增加。另外一些研究则认为间伐对物种多样性无显著影响。Niese研究比较了美国威斯康星州北部阔叶林8种不同采伐方式的经济效益与采伐区的树木多样性得出,抚育间伐是维持树种多样性最好的方式。Reader认为草本物种的数量和频度随上层部分间伐强度的增加没有出现显著的变化。Gilliam在研究间伐强度对物种丰富度和多样性影响时认为,间伐后的成熟林和皆伐后的幼林草本层的物种多样性无显著变化。Kammesheidt研究了委内瑞拉热带雨林择伐5年、8年和19年后的树种多样性后得出,植物种类明显增加,随着演替发展,同原始林的近似系数不断增长。Bailey研究了美国俄勒冈州西部疏伐后28个立地类型的异叶铁杉幼林林下植被,得出不同立地类型下植物种类都有变化,但植物的丰富度和总盖度均高于未疏伐的林分。雷相东、陆元昌等(2005)在研究抚育间伐对落叶松云冷杉混交林的影响时得出,间伐虽然改善了林内的光照条件,促进了林下乡土植被的生长和发育,物种多样性略有增加,但总的来说间伐对物种多样性并未造成大的影响。Smith等(1989)认为,集约间伐的林分比未间伐林分有更高的物种丰富度,随着间伐强度的增加,地被的盖度也随着增加。Zachara在研究择伐对欧洲赤松(*Pinus sylvestris*)林分结构影响时认为,小强度间伐对林分结构没有太大的影响,20%~30%的强度对改善林分结构和树木生长的效果较好。还有一些研究者则支持中度干扰假说,认为中度间伐的林分由于资源水平适中(主要是光资源),因而有利于林下植被均匀度和多样性的提高。林下植物种类、数量明显增加;不同干扰强度红松人工林分是森林经营的基本单元,直接和经营措施相联系,研究经营上可控制因子对生物多样性的影响,将有助于制定合理的经营措施来维持和保护森林系统的可持续利用。间伐主要通过提高草本层多样性指数来提高物种多样性,间伐后林下植物的生长条件如光照和湿度等得以改善,林下植被物种会扩张其实际生态位,物种数随间伐强度的增加而呈增大趋势。

随着人们对物种多样性及生态系统功能认识的加深,森林生态系统中物种多样性与生态系统功能的相互关系成为森林生态学领域内一个重要的科学问题,森林生态系统物种多样性与生产力关系问题引起生态学者的极大关注。一般认为,在讨论森林生态系统功能与物种多样性之间的关系时,生产力被认为是受物种多样性影响的重要生态系统功能特征(黄建辉等,2002)。在森林生态系统研究中,第一生产力的测定是研究能流、物流的基础;物种多样性则影响森林生态系统的结构与功能,决定着森林生态系统的稳定性;尤其对人工林生态系统更是如此。因此,探讨二者之间的关系对合理经营人工林生态系统,加速其朝正向演替发展具有重要意义。不同强度抚育间伐下各林型的生物多样性研究主要包括两个方面:①木本植物多样性;②草本植物多样性。

4.2　研究方法

考虑到上层林木在确定间伐强度时已有整体规划,故本书主要研究灌下植被的多样性。灌木层、草本层调查结合生物调查同时进行,在各样方内逐一记录各物种名称、高度、数量等,本书选用如下指数计算多样性:

(1)多度(Abundance)。指在样地范围内,各植物种植株的数目。

(2)Shannon – Wiener 指数(Shannon – Wiener index)。

$$H = - \sum_{i=1}^{s} P_i \log_2 P_i$$

式中　P_i——各物种的相对多度(即某种的个体数占全部种的总数的比值)。

(3)Simpson 指数(Simpson index)。

$$D = \frac{\sum (n_i n_{i-1})}{N(N-1)}$$

式中　n_i——第 i 种的个体数;

　　　N——群落(样地)所有个体数总数。

(4)均匀度指数(Evenness index)。

$$J_s = (\log N - \frac{1}{N} \sum n_i \log n_i) / \{\log N - \frac{1}{N_i} [\alpha(s-\beta)\log\alpha + \beta(\alpha+1)\log\alpha + 1]\}$$

式中　n_i——第 i 种的个体数;

　　　N——群落(样地)所有个体数总数;

　　　s——物种的数量;

　　　β——N 被 s 整除以后的余数($0 < \beta < N$),$\alpha = (N-\beta)/s$。

4.3 结果与分析

4.3.1 植物多度

种的多度即丰富度,是指一个群落中种的数目,用以度量样地内物种的数量特征。种的多度、种的均匀度和种的多样性是描述森林系统多样性质的三个常用指标。

4.3.1.1 杂木林不同间伐强度下的冠下植物多度分析

分析表 4-1 可以知道,杂木林对照区的冠下植被多度最大,达到143,其中草本层多度最大(87),灌木层对照区多度仅次于弱度间伐区。冠下植被多度由大到小的顺序依次为对照区、强度间伐区、弱度间伐区和中度间伐区。其中草本植物多度由大到小为对照区、中度间伐区、强度间伐区和弱度间伐区;灌木层多度由大到小的顺序为弱度间伐区、对照区、强度间伐区和中度间伐区。

表 4-1 杂木林不同间伐强度下的植物多度

植物	对照区	弱度间伐区	中度间伐区	强度间伐区
草本	87	58	83	72
灌木	56	59	22	52
冠下	143	117	105	124

对各间伐强度下杂木林冠下多度作方差分析,结果表明,不同间伐强度下杂木林林下植物多度差异极显著,$F = 16.57$($F_{0.05(3,8)} = 4.07$,$F_{0.01(3,8)} = 7.59$)。说明抚育间伐对杂木林下植物种类的增加作用明显。

草本和灌木的多度分配,反映了林分植物组成状况。由于杂木林树木组成较复杂,抚育间伐后对树木生长起到一定的促进作用。由于间伐过程中,主要采伐的是处于下层的树种,故中度间伐区和强度间伐区灌木多度减少幅度较大。强度间伐区多度大于中度间伐区,可能是强度间伐为树木天然更新创造了有利条件,灌木和小乔木更新迅速,这在调查中发现林下的大量幼树可以得到证明。对照区和弱度间伐区由于保留株数较多,故灌木多度大于强度间伐区和中度间伐区。同时,由于间伐强度较小,对草本植物提供的生长条件不如间伐强度大的林分,故弱度间伐区草本植物的多度最小。

可见,抚育间伐措施一方面减少了植物的种类和数量,另一方面促进了植物种类和数量的增长,与森林生长相互影响、相互制约。对草本植物的多度和灌木多度分别与间伐强度作相关分析,发现草本植物多度与间伐强度呈极显著相关,与灌木多度相关。

4.3.1.2　红松林不同间伐强度下的植物多度分析

分析表 4-2 可知,不同间伐强度下的红松的冠下多度情况,冠下草本多度情况为随着间伐强度的增大,草本层多度增大。木本多度最高的为弱度间伐区,其次为中度间伐区,对照区和强度间伐区最小,仅为2。冠下多度由大到小的排序为强度间伐区、中度间伐区、弱度间伐区和对照区,随着间伐强度的增大而增大。

表 4-2　红松林不同间伐强度下的植物多度

植物	对照区	弱度间伐区	中度间伐区	强度间伐区
草本	75	92	136	142
木本	2	6	4	2
冠下	77	98	140	144

对各间伐强度下红松林冠下多度作方差分析,结果表明,不同间伐强度下红松林林下植物多度差异极显著,$F = 75.71$($F_{0.05(3,8)} = 4.07$,$F_{0.01(3,8)} = 7.59$)。说明抚育间伐对红松林下植物种类的增加作用明显。

红松冠下植被的多度状况表明,红松林下灌木较少,间伐后,草本层数量和种类较多。对照区红松林密度较大,郁闭的林分导致林下光线暗弱,较难为树种更新和幼树的生长提供适宜的生境条件,强度间伐区木本植物多度较小,可能是草本植物生长旺盛,中间竞争激烈所致;

草本植物没有幼树的荫蔽而获得较大的空间和养分,长势较好。

4.3.1.3　柞树林不同间伐强度下的植物多度分析

分析表 4-3 可知,柞树林各处理冠下植被多度以强度间伐区最高,其次为对照区和中度间伐区,弱度间伐区最小。其中,对照区草本植物多度最高,为 100;中度间伐区和弱度间伐区其次,强度间伐区最小。灌木层的多度以强度间伐区最高,其次依次为中度间伐区、对照区和弱度间伐区,且强度间伐区显著高于其他处理。

表 4-3　柞树林不同间伐强度下的植物多度

植物	对照区	弱度间伐区	中度间伐区	强度间伐区
草本	100	86	91	74
灌木	35	32	43	92
冠下	135	118	134	166

对各间伐强度下柞树林冠下多度作方差分析,结果表明,不同间伐强度下柞树林林下植物多度差异极显著,$F = 20.58$($F_{0.05(3,8)} = 4.07$,$F_{0.01(3,8)} = 7.59$)。说明抚育间伐对柞树林下植物种类的增加作用明显。

经过中度间伐和弱度间伐后,主要树种林木生长良好,压制了林下木本和草本的生长,而强度间伐区的多度要远大于对照区,调查中发现,由于林分未充分郁闭,林下有足够的营养和空间使得草本和木本生长,故林下灌木和杂草丛生,虽然提高了植物多样性,对主要树种的生长会造成竞争,可能影响主要树种的生长。

抚育间伐措施既能够伐除一部分下层木,使保留植株获得较充分的生长空间和养分空间;间伐强度过大,又会使林分内下木和草本生长过于旺盛,从而与主要树种竞争水分和养分;间伐强度过小,超出林地的生态负载量,林分的自然稀疏现象还会发生,起不到改善林分结构、促进林木生长的目的。故确定适合于不同林型的抚育间伐强度应从多方面进行评价。

4.3.2　植物多样性

物种多样性是一个很重要的概念,因为它不仅反映群落或生境中物种的丰富度、变化程度或均匀度,也反映不同自然地理条件与群落的相互关系。可以用物种多样性来定量表征群落与生态系统的特征,包括直接和间接地体现群落与生态系统的结构类型、组织水平、发展阶段、稳定程度、生境差异等。因此,物种多样性也常被用在森林资源的经营、合理开发利用和资源的评价等方面(郑元润,2000)。

4.3.2.1　木本植物多样性

1) 杂木林不同间伐强度下林下木本植物多样性分析

分析表 4-4 可知,Shannon – Wiener 指数显示,弱度间伐区的多样性最高,中度间伐区次之,对照区第三,强度间伐区最低。弱度间伐区和中度间伐区多样性相差不多,但弱度间伐区的优势度 Simpson 指数仅为 0.095,说明林内没有优势树种,分布均匀;中度间伐区内多样性指数和均匀度较高,优势度较低。可见,弱度间伐区内林分垂直结构合理,生物多样性高,形成良好的演替层。强度间伐区和对照区的多样性指数相对低,对照区的均匀度指数和优势度指数较均衡,而强度间伐区的优势度指数高,均匀度指数低,主要是与杂木林中林下极利于色木生长有关,色木成为林下木本的主要树种。

表 4-4　杂木林不同间伐强度下木本植物多样性

指数	对照区	弱度间伐区	中度间伐区	强度间伐区
Shannon – Wiener 指数	2.770	3.274	3.010	2.758
Simpson 指数	0.143	0.095	0.149	0.207
均匀度指数	0.817	1.058	1.037	0.942

对各间伐强度下杂木林下木本植物多样性指标 Shannon – Wiener 指数作方差分析,结果表明,不同间伐强度下杂木林林下植物多样性差异显著,$F = 6.71$($F_{0.05(3,8)} = 4.07$)。说明抚育间伐对杂木林下木本植物种类的增加作用较明显。

2）红松林不同间伐强度下林下木本植物多样性分析

分析表 4-5 可知,红松纯林内不同间伐强度的多样性差距不大。在红松林下木本植物的多度很小,仅有极少的林下木本植物存在,在对照区样地内仅有榆叶梅（*Amygdalus triloba*）和接骨木（*Sambucus williamsii*）各 1 株,在强度间伐区里仅有叶底珠（*Securwithega suffruticosa*）和南蛇藤（*Celastrus orbiculatus*）各 1 株,因此这两个处理的多样性指数和均匀度指数都为 1,优势度指数为 0。在弱度间伐区和中度间伐区里多度分别为 6 和 4,多样性指数为 1.500 和 1.918,且分布均匀,没有明显的优势种。

表 4-5　红松林不同间伐强度下木本植物多样性

指数	对照区	弱度间伐区	中度间伐区	强度间伐区
Shannon – Wiener 指数	1.000	1.500	1.918	1.000
Simpson 指数	0.000	0.167	0.133	0.000
均匀度指数	1.000	1.333	1.348	1.000

对各间伐强度下红松林下木本植物多样性指标 Shannon – Wiener 指数作方差分析,结果表明,不同间伐强度下红松林下植物多样性差异极显著,$F = 98.40$（$F_{0.05(3,8)} = 4.07$,$F_{0.01(3,8)} = 7.59$）。说明抚育间伐对红松林下木本植物种类的增加作用明显。

3）柞树林不同间伐强度下林下木本植物多样性分析

分析表 4-6 可以知道,柞树不同间伐强度下林下木本植物多样性差异不大。强度间伐区的多样性最高,为 2.814,由于间伐强度大,使林下木本植物有足够的生存空间,花曲柳（*Fraxinus rhynchophylla*）、柞树、五角枫（*Acer momo*）等阳性树种生长旺盛,但该群落的优势度指数仅为 0.187,均匀度指数为 0.704,说明林内林下木本植物分布合理,而不是树种单一的生物群落。对照区和弱度间伐区、中度间伐区的多样性指数相差不大,但对照区略高一些,分析原因是弱度间伐区和中度间伐区的乔木生长良好,压制了林下木本植物的生长,因此弱度、中度间伐区的多样性指数略低,但三者的优势度指数都不高,均匀度指数较高,说明该区的分布均匀,群落较稳定。

表 4-6　柞树林不同间伐强度下木本植物多样性

指数	对照区	弱度间伐区	中度间伐区	强度间伐区
Shannon – Wiener 指数	2.610	2.472	2.335	2.814
Simpson 指数	0.247	0.254	0.247	0.187
均匀度指数	0.754	0.718	0.667	0.704

对各间伐强度下柞树林下木本植物多样性指标 Shannon – Wiener 指数作方差分析,结果表明,不同间伐强度下柞树林下植物多样性差异显著,$F = 6.30$($F_{0.05(3,8)} = 4.07$)。说明抚育间伐对柞树林下木本植物种类的增加作用较明显。

从上述方差分析结果可以看出,抚育间伐对阔叶树种林下生物多样性的增加有一定影响,但不如针叶树种显著。这主要是由于杂木林和柞树林树种组成较复杂,而红松林树种较单一,抚育对增加物种多样性作用效果十分显著。

4.3.2.2　草本植物多样性

1)杂木林不同间伐强度下草本植物多样性分析

分析表 4-7 可知,杂木林不同间伐强度下的草本植物多样性差距不大。其中强度间伐区多样性指数最高,中度间伐区次之,对照区更小,弱度间伐区最小。在多样性指数方面,只有强度间伐区多样性指数较高,其余差距不大。强度间伐区的优势度指数最低,而均匀度指数在几个处理中最高,可见强度间伐区下的草本植物分布相对均匀;其余三个处理下,优势度指数和均匀度指数相差不大。

表 4-7　杂木林不同间伐强度下草本植物多样性

指数	对照区	弱度间伐区	中度间伐区	强度间伐区
Shannon – Wiener 指数	2.990	2.872	3.080	3.737
Simpson 指数	0.081	0.129	0.126	0.131
均匀度指数	0.713	0.901	1.012	1.019

对各间伐强度下杂木林下草本植物多样性指标 Shannon – Wiener

指数作方差分析,结果表明,不同间伐强度下杂木林下植物多样性差异极显著,$F = 14.67$($F_{0.05(3,8)} = 4.07$,$F_{0.01(3,8)} = 7.59$)。说明抚育间伐对杂木林下草本植物种类的增加作用明显。

辽东山区自然环境优越,但草本的数量和种类要受到上层林木的疏密程度的控制,草本的数量和种类与林分的郁闭度呈线性相关,因此辽东山区的草本层的生境生态位始终处于一种被动的消长与演替之中(贾云等,2001)。

2)红松林不同间伐强度下草本植物多样性分析

分析表 4-8 可知,红松林不同间伐强度下的草本植物多样性分布情况为中度间伐区和强度间伐区的多样性指数明显高于对照区和弱度间伐区。弱度间伐区和强度间伐区的优势度指数和均匀度指数均较高,可见弱度间伐区和强度间伐区的草本植物分布是几个处理中最为均匀的;其他两个处理优势度较低而均匀度较高,可见,对照区和中度间伐区的草本植物分布也较均匀。

表 4-8　红松林不同间伐强度下草本植物多样性

指数	对照区	弱度间伐区	中度间伐区	强度间伐区
Shannon – Wiener 指数	1.536	2.136	2.942	2.984
Simpson 指数	0.153	0.300	0.167	0.464
均匀度指数	0.712	0.899	0.795	0.895

对各间伐强度下红松林下草本植物多样性指标 Shannon – Wiener 指数作方差分析,结果表明,不同间伐强度下红松林下植物多样性差异极显著,$F = 78.37$($F_{0.05(3,8)} = 4.07$,$F_{0.01(3,8)} = 7.59$)。说明抚育间伐对红松林下草本植物种类的增加作用明显。

3)柞树林不同间伐强度下草本植物多样性分析

分析表 4-9 可知,柞树林不同间伐强度下的草本植物多样性差距不大,强度间伐区的多样性指数最高,中度间伐区次之,弱度间伐区第三,对照区最小。强度间伐区优势度指数和均匀度指数场最大,说明强度间伐区的草本植物分布均匀。其他三个处理下的多样性指数相差不大,优势度差不大,优势度和均匀度也分布均匀。

表 4-9   柞树林不同间伐强度下草本植物多样性

指数	对照区	弱度间伐区	中度间伐区	强度间伐区
Shannon – Wiener 指数	2.525	2.649	2.883	3.024
Simpson 指数	0.155	0.149	0.219	0.220
均匀度指数	0.881	0.761	0.948	1.138

对各间伐强度下柞树林下草本植物多样性指标 Shannon – Wiener 指数作方差分析,结果表明,不同间伐强度下柞树林下植物多样性差异显著,$F = 6.51$($F_{0.05(3,8)} = 4.07$)。说明抚育间伐对柞数林下草本植物种类的增加作用明显。

4.4   结论与讨论

抚育间伐能够在一定程度上增加林内植物生长的营养空间,改善林地光照、通风等环境条件,有利于下木和草本的生长,增加林下植物多样性,但同时,抚育措施多为间伐掉林下生长较差的树木,又人为地减少了生物多样性。所以,从上述分析结果看,林下木本和草本植物的多样性规律似乎不很明显。仔细分析试验结果可以看出,弱度和中度强度间伐既能保留一定量的生物种类和数量,又能改善林地环境条件,对林下生物的生长较为有利。

第 5 章 抚育措施对各林型枯枝落叶性质的作用

5.1 引言

森林凋落物是指森林生态系统内,由生物组分产生的并归还到林表地面,作为分解者的物质和能量的来源,借以维持生态系统功能的所有有机物质总称,它包括林内乔木和灌木的枯叶、枯枝、落皮及繁殖器官、野生动物残骸及代谢产物,以及林下枯死的草本植物及枯死植物的根(王凤友,1991)。森林凋落物是森林生态系统中生产者的绿色植物光合作用产物的一部分,也是森林归还养分的一个主要途径。虽然从全球尺度解释各森林类型凋落物分解速率的差异时,凋落物化学性质这一因素只处于次要地位,但在同一气候带内凋落物性质对分解起主要作用。林内生境的变化也是引起凋落物分解发生变化的因子之一。Vitousek 在夏威夷岛以 Metrosiderospolymorpha 为研究对象,进行了 3 个类型的试验,即不同地点收集的叶子在同一地点分解、同一地点收集的叶子在不同地点分解和原叶原地分解,第一次比较信服地证明生境因素对凋落物分解的影响作用。Homsby 等在不同温度下测定枯枝落叶的分解,发现分解速度随温度的升高而加快。

早在 1876 年,德国学者 E. Ebermager 在《森林凋落物量及其化学组成》中便阐述了森林凋落物在养分循环中的重要性(李景文等,1989)。森林凋落物的分解是森林生态系统生物地球化学循环最重要的过程之一,在森林生态系统中起着重要的作用,是森林土壤有机质的主要来源,又是土壤营养元素的主要补给者,在维持土壤肥力,保证植物再生长养分的可利用性,促进森林生态系统正常的物质生物循环和养分平衡方面起着重要的作用,是土壤动物、微生物的能量和物质的来源,也是森林释放 CO_2 的主要原因之一。同时,森林凋落物的积累而形成的林地凋落物层,对土壤的理化性质具有明显的作用,其种类、贮量和数量上的消长反映着森林生态系统间的差别和动态特征。植被通过凋落物途径把营养元素归还土壤表层,并促进枯枝落叶的分解,还能拦蓄地表径流和减少水土流失,因此对土壤有改良作用。凋落物分解速率的改变引起土壤性质发生变化,而土壤性质尤其是土壤酶和土壤微生物的改变又会对凋落物分解速率有一定影响。对 3 个不同间伐强度天然次生林凋落物的研究表明,在强度及中度间伐区,由于林木保留株数较适中,林内环境利于微生物活动,故凋落物分解转化率高,枯枝落叶的分解转化趋于平衡,林地土壤趋于稳定。因而在决定生态系统的生产力时起到重要的作用,了解一个特定生态系统凋落物的分解过程对于全面理解生态系统的功能是十分必要的(黄建辉等,1998)。

一个多世纪以来,人们在凋落物方面做了大量工作(Waksman 等,1928;Wiegert 等,1975;McClaugherty 等,1985;Koopmans 等,1998),对凋落物的认识逐渐深入,从最初对量的研究发展到对质的研究,从孤立地研究凋落物到研究凋落物在整个生态系统中的作用,研究领域不断深入,研究方法不断完善。Choonsig Kim 阐述了抚育间伐对森林中 C 分布和循环的影响,显示间伐改变土壤的各种理化性质,进而改变凋落物分解的影响因子,最终导致凋落物分解速率的改变。不同强度抚育间伐下各林型的凋落物性质研究包括五个方面:①年凋落量变化;②枯枝落叶贮量及转化;③凋落物的平均分解率;④凋落物的分解模型;⑤凋落物的养分归还能力;⑥森林生长状况及多样性状况与森林凋落物特性的关联分析。

5.2 研究方法

5.2.1 林分年凋落量

2005 年 3 月至 2006 年 12 月在各固定标准地内随机布置 3 个用尼龙网制成的 0.6 m ×0.6 m ×0.25 m 的方形凋落物收集器,计算各时期内的凋落量。每月收集收集器内的凋落物,85 ℃烘干法测定含水量,烘至恒重后立即称重。

在每年的11月份,待大部分树叶凋落后,在标准地内按"S"形布置5个1 m×1 m样方,分层采集未分解层和分解层的全部样品并分别称重,85 ℃烘干法测定含水量。

5.2.2 林地凋落物分解率

在每年的11月份,在树叶没有凋落前,在标准地内按"S"形布置5个1 m×1 m样方,分层采集未分解层和分解层的全部样品并分别称重,铝盒法测定含水量。分解层的质量占总质量的百分比即为分解率。枯枝落叶的分解层和未分解层以肉眼能否分辨出叶脉等组织结构为准,能够清晰分辨的为未分解层,不能够清晰分辨的为分解层(李叙勇,1997)。

2005年3月10日分别在不同间伐强度的红松林、柞树林、杂木林内收集当年新鲜凋落物样品,样品分别为粗枝、细枝、落叶、枝叶混合,分别装入已编号的20 cm×25 cm的尼龙网袋中,网眼为1 mm。将约100 g的待测样品放入袋中,每一林分中的分解袋共分3组放置,每组分5袋(枝叶混合的放置两袋),每块标准地共15袋。随机置于林地死地被物中,紧贴土表(模拟自然状态平放在样地凋落物层中,底部应接触土壤A层)。考虑到有些样地枯枝落叶层较薄,不足以分层测定,故采取同一标准放置。其上用新鲜枯叶稍加覆盖,分别于每月中旬将尼龙网袋取出,去掉泥土等杂物,用精度为0.001 g的电子天平现场称重。称重后按原样埋回。每次测定时,在网袋放置的同一深度,取林地枯枝落叶,带回室内测含水率,并以此含水率作为计算网袋内剩余枯枝落叶量。每个样地取3个重复的平均值,对枝、叶、混合样品的分解速度分别求算。

5.2.3 枯枝落叶层养分转化的测定

定期在埋入的样袋内分别取少许样品混合(足以作养分含量分析即可),进行化学分析。采用换算系数计算干物质质量,测定时须在

85 ℃的烘箱中烘干至恒定质量。

枯枝落叶在 85 ℃烘干粉碎后,用常规方法分析叶片 N、P、K 含量。枯枝落叶的养分归还量等于枯枝落叶的凋落量与养分含量的乘积,可计算求得。

枯枝落叶养分的测定方法参见《森林土壤定位研究方法》(张万儒,1986),具体做法为全 N 含量采用半微量开氏法,全 P 含量采用硫酸 – 高氯酸消煮 – 钼锑抗比色法,全 K 含量采用热硝酸浸提 – 火焰光度计法。

5.2.4　灰色关联度分析方法

灰色系统理论是以"部分信息已知、部分信息未知"的"小样本"、"贫信息"不确定性系统为研究对象,主要通过对"部分"已知信息的生成、开发、提取有价值的信息,实现对系统运行行为、演化规律的正确描述和有效监控。灰色系统理论是自动控制论、运筹学、模糊数学相结合的数学方法。

关联度是表示两个事物的关联程度。关联度分析弥补了采用数理统计方法作系统分析所导致的遗憾。它对样本量的多少和样本有无规律都同样适用,而且计算量少,十分方便,更不会出现量化结果与定性分析结果不符的情况。关联度分析的基本思想:根据序列曲线几何形状的相似程度来判断其联系是否紧密。曲线越接近,相应序列之间关联度就越大,反之就越小。关联度分析是灰色系统分析、预测和决策的基础(刘思峰等,2004)。

5.3　结果与分析

5.3.1　枯枝落叶年凋落量变化

人们对凋落物研究最初是从凋落物量开始的。迄今为止,世界各主要植被类型的凋落物量及现存量的大致范围已被确定,新西兰和美国学者 Bray 和 Gorham(1964)在《世界森林凋落物量》一文中对此作了较为全面的总结和论述。

凋落物量是森林生态系统生物量的组成部分,生物量反映了森林生态系统的初级生产力水平,是森林生态系统功能的体现。森林凋落量是指单位时间、单位面积的林地上所有森林凋落物的总和。估算森林凋落物量的方法很多,主要有直接收集法、根据枯死体的现存量进行估测、根据分层收割法进行估测以及生长过程中个体数的减少情况推算的方法。目前多采用直接收集测定法(王凤友,1991;汪业勋,1999)。森林凋落量的动态变化,主要包括森林凋落量的季节动态,不同林型内森林凋落量和相同林型内不同年龄阶段的凋落量以及凋落量对纬度和海拔因子的反应,凋落物量在全球有一定的分布格局,随着纬度的升高,凋落物的产量下降,而凋落物积累量上升(李叙勇,1997;Vogt 等,1986)。

森林凋落量取决于树木本身的生物学特性和外界环境的影响。森林类型不同,凋落物各组分的比值也不同。森林凋落物中,枯叶占有绝对优势,一般枯叶占凋落物总量的 49.6% ~ 100.0%;枯枝占凋落物总量的 0 ~ 37%;果实占凋落物总量的 0 ~ 32%;其他组分占 10% 左右(吴承祯等,2002)。影响森林凋落量的主要因素是气候、森林演替阶段(年龄)和森林类型,并且森林凋落量年际间差异很大,因不同的研究人员使用的研究方法不一样,因此研究结果也大相径庭(李雪峰,2005)。

在研究凋落物量的基础上人们开始探索影响凋落物量的因素,并试图建立一个广泛适用的模型。对于一个森林生态系统,人们更注重凋落物的积累量及其随时间变化的动态。因为覆盖于地表的凋落物不仅是该生态系统总生物量的一部分,而且还通过不同途径影响植物群落的结构和动态。对一个特定系统而言,凋落物的积累量实际上是凋落物产量(LP)、凋落物分解量(LD)、从系统外部进入系统内的凋落物量(D)及从系统中移走凋落物量(R)综合作用的结果,即森林凋落物量 $= LP + D - (LD + R)$,其中凋落物的分解是一个重要方面。

本项研究以辽东林区三种林型在不同抚育间伐措施下的凋落物量为研究对象,探讨不同林型凋落物量间的差异,也探讨抚育间伐对凋落物量的影响水平。

5.3.1.1　杂木林

2005年5月至2007年4月期间,对固定标准地的定位观测结果表明,林龄为35年的杂木林经不同强度的抚育间伐12年后,枯枝落叶年凋落量最高的为弱度间伐区,可达2.93 t/hm²,其次分别为对照区、中度间伐区和强度间伐区。三个间伐处理与对照区相比,年凋落量发生了较大变化:弱度间伐区的年凋落量为对照区的1.14倍,中度间伐区和强度间伐区分别为对照区的89%和77%,详见表5-1。

表 5-1　枯枝落叶年凋落量

间伐强度	枯枝落叶年凋落量(t/hm²)	与对照区的比例(%)
强度间伐区	1.98	77
中度间伐区	2.29	89
弱度间伐区	2.93	114
对照区	2.56	100

对各间伐强度下杂木林枯枝落叶年凋落量作方差分析,结果表明,不同间伐强度下杂木林枯枝落叶年凋落量差异极显著,$F = 26.58$($F_{0.05(3,8)} = 4.07$,$F_{0.01(3,8)} = 7.59$)。说明抚育间伐对杂木林枝叶的凋落状况作用明显。

从图5-1可以看出,杂木林内枯枝落叶在一年内的凋落量随季节不同而发生变化。一年内凋落量出现两个高峰期。第一次凋落高峰出现在每年的3~5月,由于天气干燥,且树液还未开始流动,加上早春的风吹,枝条很易折断;第二个凋落高峰期出现在11月份左右。每年到了秋季,是落叶树种大量凋落的季节,秋季的凋落量占到全年凋落量的一半以上。

森林的年凋落量与树木株数有关,也与林分生长状况有关。从图5-2可见,弱度间伐区和对照区由于保留株数较多,故每年的年凋落量较大,对照区由于自然稀疏强烈,林木生长状况不如弱度间伐区好,故枯枝落叶贮量较弱度间伐区少。中度间伐区和强度间伐区的年凋落量少于弱度间伐区和对照区,主要是由于林木株数较少。

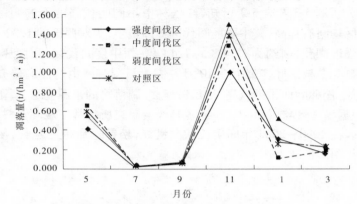

图 5-1　不同间伐强度下杂木林森林年凋落量

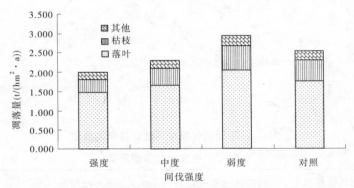

图 5-2　不同间伐强度下杂木林的年凋落量及各组分的分配

从图 5-2 可以看出,杂木林凋落物以落叶为主,占凋落物总量的 68% ~75%,枯枝的比例较小,占 17% ~21%,其他成分是指花序、果实、虫卵粪等,所占比例一般不足 10%。

不同间伐强度的处理,对枯枝落叶组分的分配有一定影响。大体规律为随着间伐强度的增大,落叶和其他成分的比例增大;而郁闭度较高的林分,枯枝的比例较大。这是因为随着间伐强度的增大,林木生长空间增大,生长枝繁叶茂,故枯枝的比例较大。郁闭度高的林分,林木生长空间较小,自然稀疏、自然整枝现象强烈,枯枝的比例较大。

5.3.1.2　红松林

分析图5-3及表5-2可知,红松林中不同间伐强度下的凋落量较对照区均略有提高,其中弱度间伐区提高最多,为对照区的1.32倍;其次为强度间伐区,约为对照区的1.14倍;而中度间伐区与对照区相差不明显。枯枝落叶多集中在10月左右大量凋落。由前面的研究结果可知,红松林叶面积指数高,故松针量多,凋落物的来源充足,凋落量较大;根据当地气象资料和辽宁省森林经营研究所的常年观测资料,中度间伐区在2000~2004年间生长状况良好,松针寿命得以延长,使得调查时年凋落量减少。

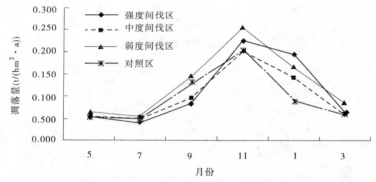

图5-3　不同间伐强度下红松林年凋落量

表5-2　枯枝落叶年凋落量

间伐强度	枯枝落叶年凋落量(t/hm²)	与对照区的比例(%)
强度间伐区	0.658	114
中度间伐区	0.590	102
弱度间伐区	0.765	132
对照区	0.578	100

对各间伐强度下红松林枯枝落叶年凋落量作方差分析,结果表明,不同间伐强度下红松林枯枝落叶年凋落量差异极显著,$F = 17.15$（$F_{0.05(3,8)} = 4.07$, $F_{0.01(3,8)} = 7.59$）。说明抚育间伐对红松枝叶的凋落

状况作用明显。

从图 5-4 可以看出,在红松林凋落物中无论哪种间伐强度下,均是以落叶为主要组分,占凋落物的 80% 左右,各间伐强度间各组分的含量比例略有不同。对照区和中度间伐区落叶的比例相对较小,分别为 77.2% 和 80.5%,而弱度间伐区和强度间伐区落叶所占比例较大,达到 84.3% 和 81.3%。组分比例的不同主要是由于强度间伐区和中度间伐区内光照条件明显改善,林木结实情况好于郁闭度高的林分,林木结实量大,故其他成分(包括果实、花序、树皮、鳞片等)的比例明显增大。在强度间伐区和中度间伐区内,除了枝叶其他成分的比例分别为 11.2% 和 7.1%,而弱度间伐区和对照区的比例分别为 4.4% 和 6.4%。另外,由于当地村民每年上山采摘松塔,故其他成分中果实的量很少,这也是影响凋落量结果的因素之一。

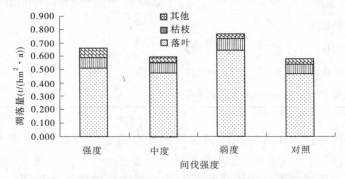

图 5-4 不同间伐强度下红松林的年凋落量及各组分的分配

5.3.1.3 柞树林

从图 5-5 和表 5-3 可以看出,柞树林年凋落量以弱度间伐区最多,强度间伐区次之,中度间伐区第三,对照区最少。各间伐强度下比对照区都有所提高,其中弱度间伐区提高 32%,强度间伐区提高 13%,中度间伐区提高的最少,为 2%,基本和对照区持平。

对各间伐强度下柞树林枯枝落叶年凋落量作方差分析,结果表明,不同间伐强度下柞树林枯枝落叶年凋落量差异极显著,$F = 13.54$ ($F_{0.05(3,8)} = 4.07$,$F_{0.01(3,8)} = 7.59$)。说明抚育间伐对柞树林枝叶的凋落状况作用明显。

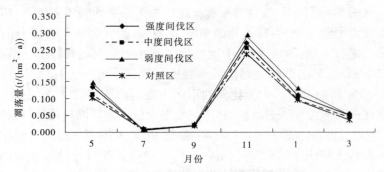

图 5-5　不同间伐强度下柞树林年凋落量

表 5-3　枯枝落叶年凋落量

间伐强度	枯枝落叶年凋落量(t/hm^2)	与对照区的比例(%)
强度间伐区	0.591	102
中度间伐区	0.523	91
弱度间伐区	0.639	110
对照区	0.493	85

柞树林在每年各时期的凋落量似乎有两个高峰期,一个出现在 5 月以前,因为天气干燥,尤其是枝条容易折断;另一个出现在 10 月左右。这个规律与不同间伐强度下的叶面积指数规律大致相同(中度间伐区除外),分析原因是中度间伐区在 2001～2004 年生长良好,自然稀疏现象发生较轻微,枝条的凋落量减少,降低了枯枝在凋落物中的比例,因此中度间伐区的年凋落量有所降低,但仍比对照区高。

这一试验结论与石福臣等(1990)对柞树林凋落量的研究结果有所不同,主要是与试验地区不同、林分年龄不同有关。

从图 5-6 可以看出,柞树林凋落物以落叶为主,占凋落物总量的 70%～79%,枯枝的比例较小,占 13%～23%,其他成分如花序、果实、虫卵粪等一般不足 9%。

各间伐强度间的比例情况,基本遵循随着间伐强度的增大落叶所

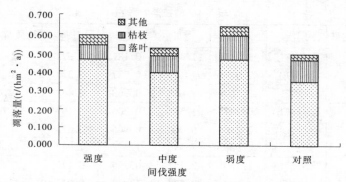

图5-6　不同间伐强度下柞树林的年凋落量及各组分的分配

占的比例增大的规律。这与间伐强度较大的地区自然稀疏、自然整枝
等有关。

5.3.2　枯枝落叶贮量及转化

5.3.2.1　杂木林

1)林分枯枝落叶贮量

从表5-4可以看出,在所有间伐强度的林地内,凋落物均以枯叶为
主,占凋落物总量约一半以上,枯枝的比例其次,占15% ~30%,繁殖
器官较少。凋落物中枯枝、枯叶、繁殖器官、其他成分的比例大体为
2:6:1:1。其中,弱度间伐区枯枝、枯叶、繁殖器官、其他成分的比例为
28:59:7:6,中度间伐区为23:59:9:8,强度间伐区为32:52:10:7,对照
区为32:53:8:7。辽东山区杂木林内,以阔叶树种占绝大多数,尤其以
柞树居多。且柞树每年的凋落量大,并以叶片为主,故在凋落物中分解
层所占比重较大。

对各间伐强度下杂木林枯枝落叶总贮量作方差分析,结果表明,不
同间伐强度下杂木林枯枝落叶贮量差异极显著,$F = 31.30$($F_{0.05(3,8)} =
4.07$,$F_{0.01(3,8)} = 7.59$)。说明抚育间伐对杂木林枯枝落叶积累状况作
用明显。

表 5-4　枯枝落叶贮量 （单位：$t/(hm^2 \cdot a)$）

间伐强度	层次	枯枝	落叶	繁殖器官	其他	枯枝落叶贮量
强度间伐区	未分解层	0.493	1.494	0.181	0.072	2.240
	分解层	2.077	7.144	0.787	0.376	10.383
	总量	2.569	8.638	0.968	0.448	12.623
中度间伐区	未分解层	0.747	1.531	0.206	0.167	2.650
	分解层	2.216	6.060	0.966	0.875	10.117
	总量	2.963	7.590	1.172	1.042	12.767
弱度间伐区	未分解层	1.230	2.243	0.275	0.120	3.867
	分解层	3.687	8.120	1.030	0.973	13.810
	总量	4.917	10.363	1.304	1.093	17.677
对照区	未分解层	1.327	2.095	0.306	0.294	4.021
	分解层	4.160	6.864	1.053	0.923	13.000
	总量	5.487	8.959	1.359	1.217	17.021

　　林分枯枝落叶的贮量反映了林分枝叶的凋落补充和凋落物分解转化相互消长的动态过程。枯枝落叶贮量较稳定，表明枯枝落叶的分解转化趋于平衡，林地土壤养分状况趋于稳定。从表 5-4 可见，枯枝落叶的贮量以弱度间伐区为最大，对照区次之，强度间伐区最小。表明弱度间伐区内，由于保留植物株数较多，林地枯枝落叶量大，但由于林分较密，林内通风、透光性能较差，不利于微生物活动，故分解转化率较低。强度及中度间伐区，由于林木保留株数较适中，林内环境利于微生物活动，故凋落物分解转化率高。对照区由于自然稀疏强烈，林木生长状况不如弱度间伐区好，故枯枝落叶贮量较弱度间伐区少。

　　由于所研究的林分年龄为 47 年，此时林中的森林环境已经形成，湿润的森林环境有利于枯落物的分解，所以各森林类型的分解层枯落物重量均大于未分解层。

　　2) 凋落物的分解转化率

　　本研究中，将林地分解的凋落物与所有枯枝落叶（包括分解的和未分解的）的比值视为凋落物的分解转化率（石福臣等，1990），计算结果如表 5-5 和图 5-7 所示。从表 5-5 及图 5-7 可以看出，不同间伐强度区,凋落物的分解转化率不同。凋落物总量的分解转化率以强度间伐区最高,可达 82.26% ;中度间伐区和弱度间伐区次之,分别为 79.24% 和 78.13% ,对照区最小,为 76.38% 。在凋落物组分中,以枯枝的转化率最低,落叶和繁殖器官等的转化率较高。其中,枯枝分解转化率最低的为中度间伐区,强度间伐区分解转化率最高。

表 5-5　　枯枝落叶分解转化率 （%）

间伐强度	枯枝	落叶	繁殖器官	其他	枯枝落叶贮量
强度间伐区	80.82	82.70	81.26	83.99	82.26
中度间伐区	74.78	79.84	82.46	84.00	79.24
弱度间伐区	74.99	78.36	78.95	89.03	78.13
对照区	75.82	76.62	77.51	75.87	76.38

对各间伐强度下杂木林枯枝落叶总的分解转化率作方差分析,结果表明,不同间伐强度下杂木林枯枝落叶分解转化率差异不显著,$F = 0.97$($F_{0.05(3,8)} = 4.07$)。说明抚育间伐对杂木林枯枝落叶分解转化状况作用不明显。

凋落物的分解转化率反映了林地养分归还速度和养分循环状况。分解转化率高,表明森林生态系统养分循环较顺畅,养分归还速度快。但分解转化率过快,植物来不及吸收利用,会造成养分的流失。故控制适宜的凋落物分解转化率,对维持生态系统的养分平衡具有重要意义。

总体看来,不同间伐强度下枯枝落叶的分解转化率从大到小为强度间伐区 > 中度间伐区 > 弱度间伐区 > 对照区。分解转化率既与环境条件有关,也与每年凋落物的补充情况有关。林分的枯枝落叶年凋落量为弱度间伐区 > 对照区 > 中度间伐区 > 强度间伐区,弱度间伐区和对照区每年有大量的新鲜凋落物补充,增加了分母的值,故分解转化率较小。另外,枯枝落叶的分解状况还取决于林地环境条件,即是否有利于微生物活动。不同间伐强度形成不同的林地环境,这部分的研究还有待于深入。

对照区和弱度间伐区由于林木株数较多,林内通风、透光条件较差,

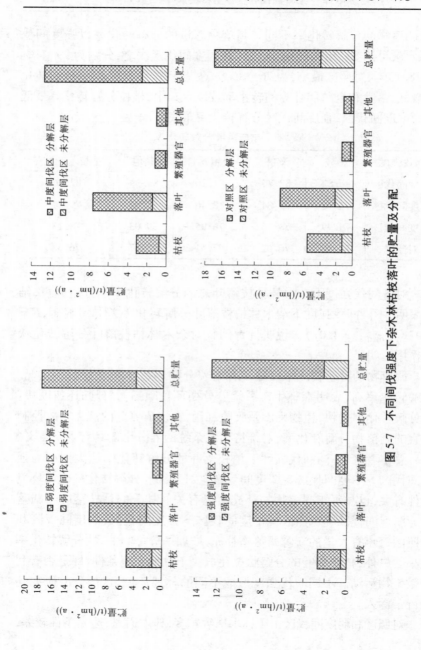

图 5-7　不同间伐强度下杂木林枯枝落叶的贮量及分配

分解转化率较中度和强度间伐小;中度间伐既保证了高大乔木的种类和数量,又保证了林下下木及草本的正常生长发育,且林内光照、水分、温度条件较适宜,利于微生物活动,枯落物分解转化及积累较稳定;强度间伐区林木株数较少,光照充足,通风较好,分解转化率最高。但分解转化速度过快,植物来不及完全吸收利用,会在降雨季节引起养分的流失。

　　各间伐强度间枯枝落叶的各个组分均以分解层所占比例较未分解层大,占总贮量的 70% ~ 80%,表明在试验区域内,环境条件较适合微生物活动,分解转化程度较高。

5.3.2.2　红松林

　　红松枝叶的凋落和分解是红松养分归还土壤的一种形式。试验地区每年都有大量红松凋落的枝叶。所以,了解红松针叶凋落及其分解,对于研究红松林森林养分年归还量很重要。

　　从表 5-6 可以看出,红松林内枯枝落叶贮量均以枯叶为主,各间伐区内以中度间伐区枯叶所占比例最大。枯枝落叶总贮量为弱度间伐区 > 中度间伐区 > 强度间伐区 > 对照区,各间伐强度区较对照区枯枝落叶贮量均有所增大。

表 5-6　枯枝落叶贮量　　　　（单位:t/(hm² · a)）

间伐强度	层次	枯枝	落叶	繁殖器官	其他	枯枝落叶贮量
强度间伐区	未分解层	0.412	4.159	0.115	0.123	4.810
	分解层	0.662	6.448	0.210	0.137	7.456
	总量	1.074	10.607	0.325	0.260	12.266
中度间伐区	未分解层	0.282	3.614	0.096	0.023	4.016
	分解层	0.781	8.303	0.270	0.019	9.374
	总量	1.063	11.917	0.366	0.042	13.390
弱度间伐区	未分解层	0.262	2.990	0.070	0.013	3.336
	分解层	1.031	9.703	0.338	0.668	11.740
	总量	1.294	12.693	0.408	0.681	15.076
对照区	未分解层	0.144	1.694	0.040	0.098	1.975
	分解层	0.589	6.539	0.212	0.017	7.357
	总量	0.733	8.233	0.252	0.115	9.332

对各间伐强度下红松林枯枝落叶总贮量作方差分析,结果表明,不同间伐强度下红松林枯枝落叶贮量差异极显著,$F = 35.96$($F_{0.05(3,8)} = 4.07$,$F_{0.01(3,8)} = 7.59$)。说明抚育间伐对红松林枯枝落叶积累作用明显。

从表5-7和图5-8可以看出,各间伐强度下红松林凋落物均以分解层占的比例较大,占 60% ~ 80%。不同间伐强度间分解转化率不同,大体规律是随着间伐强度的减小,分解转化率增大。

表5-7　枯枝落叶分解转化率　　　　　　（%）

间伐强度	枯枝	落叶	繁殖器官	其他	枯枝落叶贮量
强度间伐区	61.63	60.79	64.49	52.69	60.79
中度间伐区	73.45	69.67	73.69	46.06	70.01
弱度间伐区	79.74	76.44	82.77	98.11	77.88
对照区	80.32	79.42	84.29	14.78	78.83

对各间伐强度下红松林枯枝落叶总的分解转化率作方差分析,结果表明,不同间伐强度下红松林枯枝落叶分解转化率差异极显著,$F = 13.35$($F_{0.05(3,8)} = 4.07$)。说明抚育间伐对红松林枯枝落叶分解转化状况作用明显。

5.3.2.3　柞树林

从表5-8可以看出,柞树林内枯枝落叶贮量均以枯叶为主,各间伐区内以强度间伐区枯叶所占比例最大。枯枝落叶总贮量为强度间伐区 > 中度间伐区 > 弱度间伐区 > 对照区,各间伐强度区较对照区枯枝落叶贮量均有所增大。

对各间伐强度下柞树林枯枝落叶总贮量作方差分析,结果表明,不同间伐强度下柞树林枯枝落叶贮量差异极显著,$F = 13.35$($F_{0.05(3,8)} = 4.07$,$F_{0.01(3,8)} = 7.59$)。说明抚育间伐对柞树林枯枝落叶积累作用明显。

柞树林凋落物的组成部分与杂木林较相似,以分解层居多,占凋落物总量的 70% ~ 85%。从表5-9和图5-9可以看出,不同间伐强度间分解转化率不同,大体规律是随着间伐强度的减小,分解转化率增大。

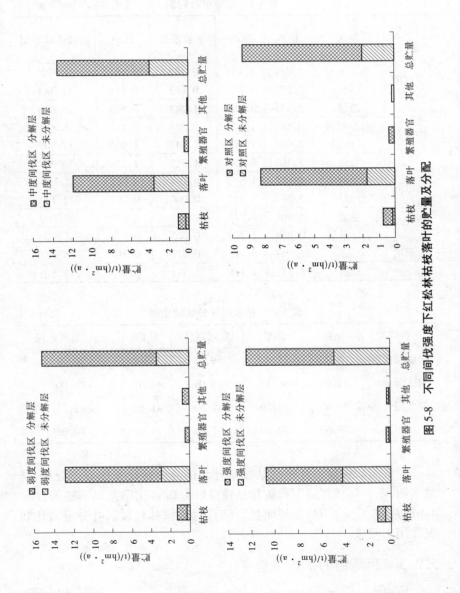

图 5-8　不同间伐强度下红松林枯枝落叶的贮量及分配

表 5-8　枯枝落叶贮量　　　　（单位：t/（hm² · a））

间伐强度	层次	枯枝	落叶	繁殖器官	其他	枯枝落叶贮量
强度间伐区	未分解层	1.034	3.133	0.380	0.151	4.697
	分解层	2.277	7.832	0.863	0.411	11.383
	总量	3.311	10.965	1.243	0.562	16.080
中度间伐区	未分解层	0.843	1.729	0.233	0.187	2.992
	分解层	2.622	7.169	1.143	1.035	11.969
	总量	3.465	8.898	1.376	1.222	14.961
弱度间伐区	未分解层	0.862	1.573	0.193	0.083	2.711
	分解层	3.243	7.143	0.906	0.856	12.149
	总量	4.105	8.716	1.099	0.939	14.860
对照区	未分解层	0.888	1.403	0.205	0.196	2.692
	分解层	3.464	5.715	0.877	0.769	10.824
	总量	4.352	7.118	1.082	0.965	13.516

表 5-9　枯枝落叶分解转化率　　　　（%）

间伐强度	枯枝	落叶	繁殖器官	其他	枯枝落叶贮量
强度间伐区	68.78	71.43	69.45	73.14	70.79
中度间伐区	75.66	80.57	83.09	84.67	80.00
弱度间伐区	79.00	81.96	82.45	91.12	81.75
对照区	79.59	80.29	81.06	79.67	80.08

对各间伐强度下柞树林枯枝落叶总的分解转化率作方差分析，结果表明，不同间伐强度下柞树林枯枝落叶分解转化率差异不显著，$F = 4.01$（$F_{0.05(3,8)} = 4.07$）。说明抚育间伐对柞树林枯枝落叶分解转化状况作用不明显。

5.3.3　凋落物的平均分解率

根据 Jenney 等（1949）提出的数学模型 $dB/dt = P - KB$，对于凋落

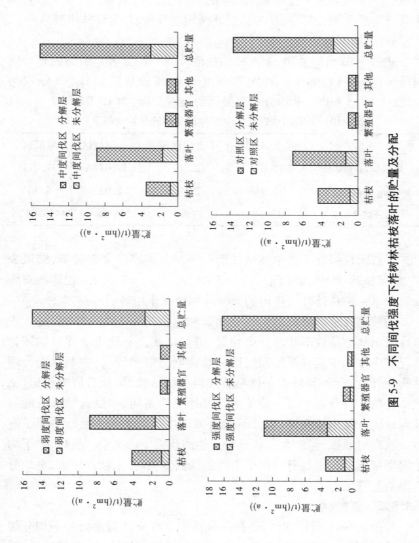

图 5-9　不同间伐强度下柞树林枯枝落叶的贮量及分配

物层平均分解率进行估测。该模型是在假设系统处于稳定,输入量(凋落量)和输出量(分解量)相等的条件下进行模拟的。$K = P/B$,K 为凋落物层平均分解率,B 为林地凋落物现存量,P 为森林年凋落量。

5.3.3.1 杂木林

从表 5-10 可以看出,杂木林枯枝落叶的平均分解率最高的是中度间伐区,达到 17.94%。其次是弱度间伐区和强度间伐区,分别为 16.58% 和 15.69%,平均分解率最低的是对照区,为 15.04%。

表 5-10　不同间伐强度下杂木林凋落物的平均分解率比较

项目	强度间伐区	中度间伐区	弱度间伐区	对照区
累积量(t/hm^2)	12.623	12.767	17.677	17.021
年凋落量(t/hm^2)	1.98	2.29	2.93	2.56
平均分解率(%)	15.69	17.94	16.58	15.04

对各间伐强度下杂木林枯枝落叶平均分解率作方差分析,结果表明,差异显著,$F = 5.85$($F_{0.05(3,8)} = 4.07$,$F_{0.01(3,8)} = 7.59$)。说明抚育间伐对杂木林枯枝落叶一年内的分解转化情况作用较明显。

枯枝落叶平均分解率是林分凋落和累积的一个综合指标,更直观地反映出林地枯枝落叶的分解状况,进而反映出林地土壤养分的转化状况。中度间伐区和弱度间伐区枯枝落叶分解率较高,主要是因为两种间伐强度下,外界环境条件更适应微生物活动,虽然有研究报道,枯枝落叶的平均分解率与水分关系较光照更为密切,本试验结果可能与辽东地区常年水量充沛,水分不能成为微生物活动的主要制约因子有关。故在对照区,虽然水分状况较其他间伐强度的试验区更好,但平均分解率最低。这也与对照区由于保留株数多,林分生物量较大,平均分解率的基数大有关。

5.3.3.2 红松林

分析表 5-11 可以知道,不同间伐强度下红松林凋落物的平均分解率有差异,各间伐强度的平均分解率比对照区有所降低,对照区最高,依次为强度间伐区、弱度间伐区和中度间伐区。

表 5-11　不同间伐强度下红松林凋落物的平均分解率比较

项目	强度间伐区	中度间伐区	弱度间伐区	对照区
累积量(t/hm^2)	12.266	13.39	15.076	9.332
年凋落量(t/hm^2)	0.658	0.59	0.765	0.578
平均分解率(%)	5.36	4.41	5.07	6.19

对各间伐强度下红松林枯枝落叶平均分解率作方差分析,结果表明,差异极显著,$F = 19.25$($F_{0.05(3,8)} = 4.07$,$F_{0.01(3,8)} = 7.59$)。说明抚育间伐对红松林枯枝落叶一年内的分解转化情况作用效果明显。

5.3.3.3　柞树林

不同间伐强度下的柞树林枯枝落叶平均分解率由大到小为弱度间伐区 > 强度间伐区 > 对照区 > 中度间伐区,且除了弱度间伐区分解率较高外,其余各区平均分解率相差不大(见表 5-12)。

表 5-12　不同间伐强度下柞树林凋落物的平均分解率比较

项目	强度间伐区	中度间伐区	弱度间伐区	对照区
累积量(t/hm^2)	16.08	14.961	14.86	13.516
年凋落量(t/hm^2)	0.591	0.523	0.639	0.493
平均分解率(%)	3.68	3.50	4.30	3.65

对各间伐强度下柞树林枯枝落叶平均分解率作方差分析,结果表明,差异极显著,$F = 8.62$($F_{0.05(3,8)} = 4.07$,$F_{0.01(3,8)} = 7.59$)。说明抚育间伐对柞树林枯枝落叶一年内的分解转化情况作用效果明显。

5.3.4　凋落物分解模型

目前对于凋落物分解普遍认为可分为 2 个主要阶段,前期快速失重阶段,主要是非生物作用过程,为可溶性物质的淋溶;后期的裂解阶段,主要是生物作用过程,此阶段凋落物分解缓慢,周期长。影响凋落物分解的因素分为两类:一类是内在因素,即凋落物自身的物理化学性质;另一类是外在因素,即凋落物分解过程发生的外部环境条件。这方面的研究也很多。

相同时间内,干物质残留率(即物质残留量与初始重的百分比)的大小反映了不同林型的分解速率。凋落物分解动态常用指数模型来描述和预测。生态系统的本质是物质循环,核心是能量流动,而分解速率直接描述了凋落物参与物质循环的多少和效率,在一定程度上反映了地表积累凋落物的数量,进而反映了生境状况,间接地指示了物质循环和能量流动的效率,有着不可忽视的生态学意义。

5.3.4.1　杂木林

凋落物的年度分解动态由 Olson 提出的指数衰减模型拟合,Olson 模型的形式为:

$$y = x/x_0 = e^{-kt} \tag{5-1}$$

在实践中发现,将原指数模型修改成式(5-2),将得到更具准确预测性的指数方程

$$y = ae^{-kt} \tag{5-2}$$

式中　y——凋落物年残留率(%);

　　　t——凋落物分解时间,a;

　　　k——凋落物分解指数(k 值的生态学意义是:k 值越大,枯叶的分解速度越快)。

同时也可用 k 值来估算各凋落物分解的半衰期及完全分解年限,计算式为(石福臣,1990):

$$t_{0.5} = \ln 0.5/(-k) \tag{5-3}$$

$$t_{0.95} = \ln 0.05/(-k) \tag{5-4}$$

式中　$t_{0.5}$——凋落物分解 50% 时所需年限即半衰期,a;

　　　$t_{0.95}$——分解 95% 时所需年限即近似完全分解的年限,a。

应用 Olson 指数衰减改进模型(式(5-2)),求得各树种落叶分解残留率 y(%)与分解时间 t(a)的回归方程,用各方程 k 值来估算四个间伐强度下凋落物分解的半衰期和完全分解所需的时间。

1)凋落物分解模型及半衰期估测

杂木林凋落物干物质残留率的变化见表 5-13,凋落物残留量对数

与时间的关系见图 5-10。

表 5-13 杂木林凋落物干物质残留率的变化

分解天数(d)	残留率(%)			
	强度间伐区	中度间伐区	弱度间伐区	对照区
0	100.00	100.00	100.00	100.00
61	96.74	96.23	96.06	95.93
122	89.52	86.96	91.31	91.53
185	87.61	82.56	81.89	82.01
243	86.08	80.29	79.52	77.33
305	85.74	79.92	79.08	76.04
366	85.12	79.56	78.63	74.75
421	82.64	75.79	75.69	72.51
480	72.56	66.53	66.16	65.09
542	68.78	62.12	61.52	59.81
608	67.06	59.85	58.81	55.13

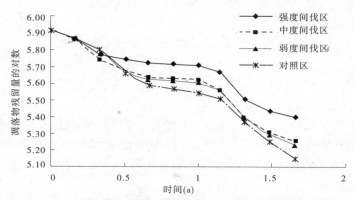

图 5-10 杂木林不同强度间伐区凋落物残留量对数与时间的关系图

a. 强度间伐区

根据测得的 4 种强度下枯枝落叶的失重率资料,应用改进单纯形

法(胡肆慧等,1986)拟合,得到杂木林强度间伐区的 Olson 指数衰减改进模型为:

$$y = 5.93e^{-0.29t}$$

式中　y——凋落物年残留率(%);

　　　t——凋落物分解时间,a。

其相关系数 $r = 0.895(r_{0.01} = 0.685)$。回归效果达极显著水平。

由式(5-3)和式(5-4)求得 $t_{0.5}$ 为凋落物分解 50% 时所需年限为 3.12 年,$t_{0.95}$ 为分解 95% 时所需年限为 13.32 年。从以往研究结果看(见表 5-14),凋落物在刚凋落的前 3 年分解迅速,3 年以后尤其是 5 年以后,分解速率明显下降。

b. 中度间伐区

相同方法得到杂木林中度间伐区的 Olson 指数衰减改进模型为:

$$y = 5.94e^{-0.426t}$$

式中　y——凋落物年残留率(%);

　　　t——凋落物分解时间,a。

其相关系数 $r = 0.938(r_{0.01} = 0.685)$回归效果达极显著水平。

由式(5-3)和式(5-4)求得 $t_{0.5}$ 为凋落物分解 50% 时所需年限为 2.15 年,$t_{0.95}$ 为分解 95% 时所需年限为 9.09 年(见表 5-14)。

c. 弱度间伐区

杂木林弱度间伐区的 Olson 指数衰减改进模型为:

$$y = 5.95e^{-0.443t}$$

式中　y——凋落物年残留率(%);

　　　t——凋落物分解时间,a。

其相关系数 $r = 0.868(r_{0.01} = 0.685)$。回归效果达极显著水平。

由式(5-3)和式(5-4)求得 $t_{0.5}$ 为凋落物分解 50% 时所需年限为 2.09 年,$t_{0.95}$ 为分解 95% 时所需年限为 8.77 年(见表 5-14)。

d. 对照区

相同方法得到杂木林对照区的 Olson 指数衰减改进模型为:

$$y = 5.937e^{-0.463t}$$

式中　y——凋落物年残留率(%);

t——凋落物分解时间,a。

其相关系数 $r = 0.917(r_{0.01} = 0.685)$。回归效果达极显著水平。

由式(5-3)和式(5-4)求得 $t_{0.5}$ 为凋落物分解 50% 时所需年限为 1.97 年,$t_{0.95}$ 为分解 95% 时所需年限为 8.36 年(见表 5-14)。

对各间伐强度下杂木林枯枝落叶分解的半衰期作方差分析,结果表明,差异极显著,$F = 49.43(F_{0.05(3,8)} = 4.07,F_{0.01(3,8)} = 7.59)$。说明抚育间伐对杂木林枯枝落叶的分解速率作用明显。

表 5-14 中的预测结果可能比实际略长。这是因为尼龙网袋阻止了大型土壤动物的进入,而这些动物可能对枯枝落叶的分解起到很大的作用。由于各试验处理间均是由相同材质的试验材料制成,系统误差相同,故结果仍有一定的参考价值。试验结果与石福臣等(1990)研究结果较一致。

表 5-14　不同间伐强度下杂木林凋落物分解模型及半衰期

处理	Olson 指数衰减改进模型	$t_{0.5}(a)$	$t_{0.95}(a)$
强度间伐区	$y = 5.93e^{-0.29t}$	3.12	13.32
中度间伐区	$y = 5.94e^{-0.426t}$	2.15	9.09
弱度间伐区	$y = 5.95e^{-0.443t}$	2.09	8.77
对照区	$y = 5.937e^{-0.463t}$	1.97	8.36
平均		2.33	9.88

图 5-11 分解初期出现较多的交叉、重叠现象,是因为杂木林中树种组成较复杂,尤其下木和草本的增多,使得分解规律差异较大。

2)凋落物组分——枯枝分解模型及半衰期估测

凋落物中枯枝是重要的组成部分,且由于富含纤维等不易分解的物质,分解速度往往较慢,尤其是粗枝。本研究选择将粗细均匀的当年凋落的枯枝装进尼龙袋进行分解。

枯枝的干物质残留率的变化见表 5-15,枯枝残留量对数与时间的关系见图 5-11。

表 5-15　杂木林凋落物中枯枝的干物质残留率的变化　　　　（%）

分解天数(d)	强度间伐区	中度间伐区	弱度间伐区	对照区
0	100.00	100.00	100.00	100.00
61	97.85	97.73	97.23	97.18
122	91.75	91.82	90.11	90.98
185	89.56	88.66	88.21	88.19
243	88.87	87.64	87.94	87.37
305	88.03	87.24	87.04	86.83
366	86.94	86.12	85.18	85.88
421	84.26	84.10	84.00	83.32
480	80.77	80.70	78.59	77.30
542	79.27	77.54	77.61	76.84
608	78.82	76.52	76.33	76.02

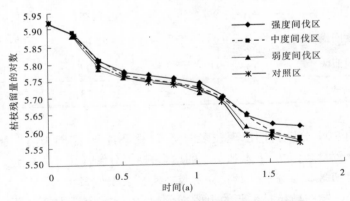

图 5-11　杂木林枯枝残留量对数与时间的关系图

a. 强度间伐区

经计算,得到杂木林强度间伐区枯枝的 Olson 指数衰减改进模型为:

$$y = 5.87e^{-0.27t}$$

由式(5-3)和式(5-4)求得 $t_{0.5}$ 为凋落物分解 50% 时所需年限为 3.13 年, $t_{0.95}$ 为分解 95% 时所需年限为 14.08 年(见表 5-16)。

b. 中度间伐区

杂木林中度间伐区枯枝的 Olson 指数衰减改进模型为:

$$y = 5.88e^{-0.29t}$$

由式(5-3)和式(5-4)求得 $t_{0.5}$ 为凋落物分解 50% 时所需年限为 2.95 年, $t_{0.95}$ 为分解 95% 时所需年限为 13.15 年(见表 5-16)。

c. 弱度间伐区

杂木林弱度间伐区枯枝的 Olson 指数衰减改进模型为:

$$y = 5.89e^{-0.301t}$$

由式(5-3)和式(5-4)求得 $t_{0.5}$ 为凋落物分解 50% 时所需年限为 2.87 年, $t_{0.95}$ 为分解 95% 时所需年限为 12.70 年(见表 5-16)。

d. 对照区

杂木林对照区枯枝的 Olson 指数衰减改进模型为:

$$y = 5.87e^{-0.312t}$$

由式(5-3)和式(5-4)求得 $t_{0.5}$ 为凋落物分解 50% 时所需年限为 2.71 年, $t_{0.95}$ 为分解 95% 时所需年限为 12.19 年(见表 5-16)。

表 5-16　不同间伐强度下杂木林凋落物组分枯枝分解模型及半衰期

处理	Olson 指数衰减改进模型	$t_{0.5}$(a)	$t_{0.95}$(a)
强度间伐区	$y = 5.87e^{-0.27t}$	3.13	14.08
中度间伐区	$y = 5.88e^{-0.29t}$	2.95	13.15
弱度间伐区	$y = 5.89e^{-0.301t}$	2.87	12.70
对照区	$y = 5.87e^{-0.312t}$	2.71	12.19
平均		2.92	13.03

3)凋落物组分——落叶分解模型及半衰期估测

同样的方法求算杂木林凋落物组分——落叶的分解模型。试验数据如表 5-17 所示,落叶残留量对数与时间的关系见图 5-12。

表 5-17　杂木林凋落物中落叶的干物质残留率的变化　（％）

分解天数(d)	强度间伐区	中度间伐区	弱度间伐区	对照区
0	100.00	100.00	100.00	100.00
61	95.62	95.26	95.12	95.17
122	87.03	86.24	86.04	85.83
185	84.97	84.15	84.40	83.26
243	83.94	82.79	82.62	81.97
305	83.11	82.53	82.05	81.62
366	81.73	80.41	78.38	76.17
421	77.35	76.38	74.47	71.52
480	67.06	62.16	57.96	59.62
542	62.41	57.44	52.16	54.22
608	59.95	54.49	49.51	50.48

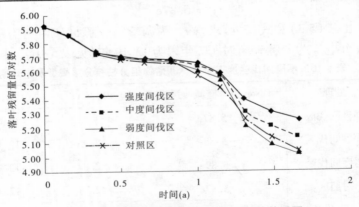

图 5-12　杂木林落叶残留量对数与时间的关系图

a. 强度间伐区

经计算和拟合,杂木林强度间伐区落叶的 Olson 指数衰减改进模型为:

$$y = 5.93e^{-0.41t}$$

由式(5-3)和式(5-4)求得 $t_{0.5}$ 为凋落物分解 50% 时所需年限为 2.21 年,$t_{0.95}$ 为分解 95% 时所需年限为 9.42 年(见表 5-18)。

b. 中度间伐区

杂木林中度间伐区落叶的 Olson 指数衰减改进模型为:

$$y = 5.93e^{-0.47t}$$

由式(5-3)和式(5-4)求得 $t_{0.5}$ 为凋落物分解 50% 时所需年限为 1.93 年,$t_{0.95}$ 为分解 95% 时所需年限为 8.22 年(见表 5-18)。

c. 弱度间伐区

杂木林弱度间伐区落叶的 Olson 指数衰减改进模型为:

$$y = 6e^{-0.60t}$$

由式(5-3)和式(5-4)求得 $t_{0.5}$ 为凋落物分解 50% 时所需年限为 1.63 年,$t_{0.95}$ 为分解 95% 时所需年限为 6.55 年(见表 5-18)。

d. 对照区

杂木林对照区落叶的 Olson 指数衰减改进模型为:

$$y = 5.89e^{-0.51t}$$

由式(5-3)和式(5-4)求得 $t_{0.5}$ 为凋落物分解 50% 时所需年限为 1.70 年,$t_{0.95}$ 为分解 95% 时所需年限为 7.50 年(见表 5-18)。

由表 5-18 可知,不同间伐强度的杂木林中,落叶的分解速率各不同,凋落物分解最快的是弱度间伐区,其次是对照区和中度间伐区,强度间伐区分解最慢。

表 5-18　不同间伐强度下杂木林落叶分解模型及半衰期

处理	Olson 指数衰减改进模型	$t_{0.5}$(a)	$t_{0.95}$(a)
强度间伐区	$y = 5.93e^{-0.41t}$	2.21	9.42
中度间伐区	$y = 5.93e^{-0.47t}$	1.93	8.22
弱度间伐区	$y = 6e^{-0.60t}$	1.63	6.55
对照区	$y = 5.89e^{-0.51t}$	1.70	7.50
平均		1.87	7.92

不同间伐强度的处理对杂木林凋落物及其组分分解的影响大体遵

循同一规律,即单位质量的凋落物均是弱度间伐区分解速率最快,对照区其次,中度间伐区次之,分解最慢的是强度间伐区。这是因为枯枝落叶分解速度既取决于枯枝落叶自身的性质,也取决于环境因素。环境因素通过影响微生物的活动而作用于枯枝落叶。研究表明(代力民等,2001),微生物活动的主要影响因子是水分和温度。在弱度间伐区和对照区内,由于林内郁闭度较高,风速小,水分蒸发减弱,水分条件较好。由于风速较小,水分含量较高,温度能保持在相对平稳的范围内,有利于微生物的活动。这也和已有的研究成果相一致(胡肆慧等,1986)。中度间伐区尤其是强度间伐区,由于树木株数较少,林内通风、透光性强,水分蒸发相对强烈,温度变化相对较快,在一定范围内抑制微生物活动,故单位质量凋落物分解速度较弱度间伐区和对照区小。

由上述试验结果可以看出,不同凋落物组分其分解速率各不相同,分解最快的是落叶,平均分解半衰期为1.87年;枯枝分解较慢,平均分解半衰期为2.92年,至完全分解,用时为落叶期分解的1~2倍。枯枝落叶总体分解半衰期为2.33年,完全分解约为10年。

这是由凋落物自身特性决定的。落叶由于与微生物接触面积较大,较薄,故易于分解;枯枝由于木质素较多,纤维含量高,体积较大等特性,影响分解速度。凋落物总体较枯枝分解历时短,是因为取样时由于空间所限,装入尼龙网袋的粗枝少,且由于落叶的存在,造成整体前期分解速率较枯枝分解快。另外,各组分间(包括枯枝、落叶、花序、果实及虫卵、粪便等)在分解过程中是否存在相互影响,各组分间物质转化的机理仍不清楚。

阔叶树种枝叶繁茂,凋落量大,在当年的凋落物中所占比例为80%左右,但在地面积累的凋落物中所占的比例较当年凋落量小,正是由于叶片的分解速度快而枝干分解速度慢的结果。这在之前的结论中已得到印证。

5.3.4.2　红松林

不同间伐强度下红松林凋落物的分解模型构建过程同杂木林。

1)枯枝落叶的分解模型

红松林枯枝落叶干物质残留率的变化见表5-19。

表 5-19　红松林枯枝落叶干物质残留率的变化　　　　　（%）

分解天数（d）	强度间伐区	中度间伐区	弱度间伐区	对照区
0	100.00	100.00	100.00	100.00
61	97.93	97.57	96.99	97.27
122	92.84	90.99	89.58	90.57
185	90.41	88.12	86.34	87.38
243	89.17	87.44	85.95	85.74
305	88.97	86.94	85.64	85.48
366	88.77	86.44	84.98	85.21
421	86.69	84.01	81.72	82.48
480	81.60	75.98	72.65	75.78
542	79.18	73.11	69.41	72.59
608	77.93	72.43	68.43	70.95

　　从图 5-13 及表 5-20 可以看出，不同间伐强度下，红松林凋落物总体的分解半衰期相差较大，以弱度间伐区最短，为 3.02 年，其次分别为对照区和中度间伐区，强度间伐区最长，为 4.48 年。凋落物完全分解所需时间随间伐强度的变化规律与半衰期的规律一致，弱度间伐区最

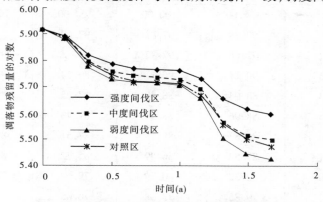

图 5-13　红松林枯枝落叶分解率随时间变化规律

短需 12.88 年,对照区和中度间伐区分别为 14.31 年和 16.05 年,强度间伐区最长,为 19.26 年。红松林凋落物达到完全分解平均需要 15.63 年。

表 5-20 不同间伐强度下红松林凋落物分解模型及半衰期

处理	Olson 指数衰减改进模型	$t_{0.5}(\text{a})$	$t_{0.95}(\text{a})$
强度间伐区	$y = 5.92\mathrm{e}^{-0.20t}$	4.48	19.26
中度间伐区	$y = 5.92\mathrm{e}^{-0.246t}$	3.73	16.05
弱度间伐区	$y = 5.93\mathrm{e}^{-0.30t}$	3.02	12.88
对照区	$y = 5.93\mathrm{e}^{-0.27t}$	3.35	14.31
平均		3.64	15.63

对各间伐强度下红松林枯枝落叶分解的半衰期作方差分析,结果表明,差异极显著,$F = 28.77$($F_{0.05(3,8)} = 4.07$,$F_{0.01(3,8)} = 7.59$)。说明抚育间伐对红松林枯枝落叶的分解速率作用明显。

2)枯枝落叶的组分——枯枝的分解模型

红松林凋落物中枯枝的干物质残留率的变化见表 5-21。

表 5-21 红松林凋落物中枯枝的干物质残留率的变化 (%)

分解天数(d)	强度间伐区	中度间伐区	弱度间伐区	对照区
0	100.00	100.00	100.00	100.00
61	97.88	97.82	97.69	97.51
122	92.68	92.72	92.18	91.38
185	90.21	90.11	89.34	88.94
243	88.94	88.80	87.95	87.62
305	88.96	88.50	87.73	87.08
366	88.53	88.18	87.51	86.49
421	87.52	86.09	85.72	84.17
480	82.32	80.99	79.69	78.05
542	79.85	78.38	76.85	75.60
608	78.57	77.07	75.46	74.28

　　由图5-14和表5-22可知,红松林凋落物组分——枯枝的分解速率随间伐强度不同而变化的规律同凋落物的变化规律一致,均是弱度间伐区的枯枝分解最快,其次为对照区和中度间伐区,分解最慢的出现在强度间伐区。由于红松枝中油脂含量较高,分解较慢。平均半衰期在4年左右,达到完全分解需17年以上。

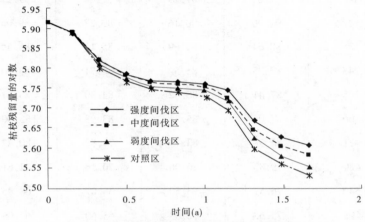

图 5-14　红松林枯枝分解率随时间变化规律

表 5-22　不同间伐强度下红松林枯枝的分解模型及半衰期

处理	Olson 指数衰减改进模型	$t_{0.5}$(a)	$t_{0.95}$(a)
强度间伐区	$y = 5.918e^{-0.18t}$	4.96	21.39
中度间伐区	$y = 5.923e^{-0.21t}$	4.28	18.36
弱度间伐区	$y = 5.92e^{-0.26t}$	3.44	14.82
对照区	$y = 5.926e^{-0.257t}$	3.51	15.07
平均		4.05	17.41

3)枯枝落叶的组分——落叶的分解模型

红松林凋落物中落叶的干物质残留率的变化见表5-23。

从图5-15和表5-24可以看出,红松林落叶的分解速度随间伐强度的变化与凋落物总体和枯枝的分解速度规律相同,均是弱度间伐区落叶分解最快。

表 5-23　红松林凋落物中落叶的干物质残留率的变化　　　（%）

分解天数（d）	强度间伐区	中度间伐区	弱度间伐区	对照区
0	100.00	100.00	100.00	100.00
61	97.61	97.29	97.04	97.17
122	91.90	90.16	89.27	89.06
185	88.64	86.99	85.18	85.49
243	87.75	85.52	84.71	83.60
305	87.41	85.42	84.30	83.41
366	87.06	85.31	83.98	83.00
421	85.98	83.19	75.82	80.72
480	79.83	76.06	70.16	72.61
542	76.57	73.50	66.07	68.95
608	75.68	72.03	65.60	67.06

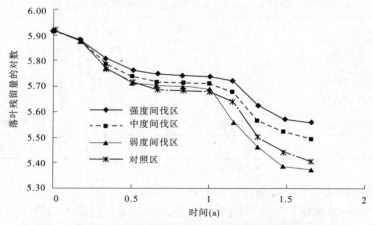

图 5-15　不同间伐强度下红松林落叶分解率随时间的变化

表 5-24 不同间伐强度下红松林凋落物组分——落叶分解模型及半衰期

处理	Olson 指数衰减改进模型	$t_{0.5}$（a）	$t_{0.95}$（a）
强度间伐区	$y = 5.926e^{-0.23t}$	3.92	16.78
中度间伐区	$y = 5.93e^{-0.26t}$	3.48	14.86
弱度间伐区	$y = 5.936e^{-0.31t}$	2.94	12.48
对照区	$y = 5.933e^{-0.29t}$	3.13	13.33
平均		3.36	14.36

与杂木林分解规律相同,红松林内以落叶分解速度最快。与枯枝相比,半衰期平均缩短 0.7 年,完全分解时间缩短了 3 年。不同间伐强度间,仍是以弱度间伐区分解最快,其次为对照区、中度间伐区和强度间伐区。

从红松林凋落物及其组分分解模型可以看出,分解曲线交叉、重叠现象较少,表明红松林内由于树种组成较简单,分解速率较一致,故分解曲线与杂木林相比差异较大。

5.3.4.3 柞树林

以相同的方法研究柞树林不同间伐强度下凋落物分解规律。

1) 枯枝落叶的分解模型

柞树林枯枝落叶的干物质残留率的变化见表 5-25。

表 5-25 柞树林枯枝落叶的干物质残留率的变化 （%）

分解天数（d）	强度间伐区	中度间伐区	弱度间伐区	对照区
0	100.00	100.00	100.00	100.00
61	95.84	96.19	95.68	95.34
122	88.65	90.22	88.90	87.67
185	87.52	88.76	87.25	85.83
243	85.81	86.98	85.22	83.58
305	85.47	86.06	84.18	82.43
366	84.61	85.75	83.83	82.03
421	80.45	83.64	81.44	79.38
480	73.26	76.36	73.18	70.19
542	72.13	73.07	69.45	66.05
608	70.42	71.45	67.61	64.01

从图 5-16 和表 5-26 可见,柞树林中凋落物的分解规律与杂木林较相近,且凋落物分解的半衰期和完全分解所需的时间与杂木林较相近,半衰期较杂木林长约 0.11 年,完全分解的时间长约 0.48 年。分解速度与间伐处理的规律与杂木林一致。

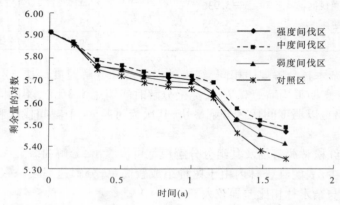

图 5-16 柞树林枯枝落叶分解速率曲线

表 5-26 不同间伐强度下柞树林枯枝落叶分解模型及半衰期

处理	Olson 指数衰减改进模型	$t_{0.5}(a)$	$t_{0.95}(a)$
强度间伐区	$y = 5.928e^{-0.296t}$	3.05	13.04
中度间伐区	$y = 5.931e^{-0.385t}$	2.35	10.04
弱度间伐区	$y = 5.946e^{-0.408t}$	2.26	9.51
对照区	$y = 5.943e^{-0.437t}$	2.10	8.87
平均		2.44	10.36

对各间伐强度下柞树林枯枝落叶分解的半衰期作方差分析,结果表明,差异极显著,$F = 28.69$($F_{0.05(3,8)} = 4.07$, $F_{0.01(3,8)} = 7.59$)。说明抚育间伐对柞树林枯枝落叶的分解速率作用明显。

2)凋落物组分——枯枝分解模型

柞树林凋落物中枯枝的干物质残留率的变化见表 5-27。

表 5-27　柞树林凋落物中枯枝的干物质残留率的变化　　（%）

分解天数（d）	强度间伐区	中度间伐区	弱度间伐区	对照区
0	100.00	100.00	100.00	100.00
61	96.85	96.64	96.36	96.27
122	91.65	91.32	91.37	90.52
185	90.66	89.43	89.11	88.72
243	89.75	88.85	87.92	86.74
305	88.14	87.10	86.02	84.66
366	87.43	86.33	85.19	83.75
421	84.04	83.58	82.21	81.43
480	79.96	79.65	77.96	75.80
542	78.64	77.53	75.66	73.28
608	77.81	76.48	74.52	71.38

　　由图 5-17 和表 5-28 可见,柞树林凋落物组分——枯枝的分解规律与凋落物总体分解规律较相近,随着间伐强度的增大（除弱度间伐区＞对照区外）,均呈分解速度减小的趋势。

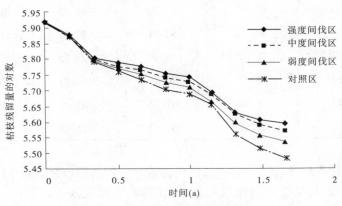

图 5-17　柞树林枯枝分解速率曲线

表 5-28　不同间伐强度下柞树林凋落物组分枯枝分解模型及半衰期

处理	Olson 指数衰减改进模型	$t_{0.5}$（a）	$t_{0.95}$（a）
强度间伐区	$y = 5.86e^{-0.265t}$	3.15	14.31
中度间伐区	$y = 5.88e^{-0.283t}$	3.02	13.47
弱度间伐区	$y = 5.87e^{-0.297t}$	2.85	12.80
对照区	$y = 5.88e^{-0.307t}$	2.79	12.42
平均		2.95	13.25

3）凋落物组分——落叶分解模型

柞树林凋落物中落叶的干物质残留率的变化见表 5-29。

表 5-29　柞树林凋落物中落叶的干物质残留率的变化　（%）

分解天数（d）	强度间伐区	中度间伐区	弱度间伐区	对照区
0	100.00	100.00	100.00	100.00
61	95.37	95.43	95.16	94.99
122	87.27	88.52	87.12	85.21
185	84.27	85.95	84.71	80.54
243	82.99	84.39	82.29	78.37
305	81.74	83.29	81.55	76.69
366	80.59	82.91	80.61	75.94
421	76.57	79.48	77.75	72.18
480	68.27	70.28	67.84	63.07
542	66.59	67.72	63.09	57.28
608	64.54	64.37	61.18	55.00

由图 5-18 和表 5-30 可见，柞树林落叶分解趋势与凋落物总体分解规律一致，均是随着间伐强度的增大（除弱度间伐区 > 对照区外），分解速度呈减小趋势。

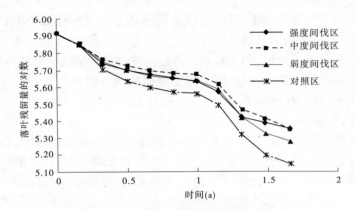

图 5-18　柞树林落叶残留量对数与时间的关系图

表 5-30　不同间伐强度下柞树林凋落物组分落叶分解模型及半衰期

处理	Olson 指数衰减改进模型	$t_{0.5}(a)$	$t_{0.95}(a)$
强度间伐区	$y = 5.929e^{-0.401t}$	2.25	9.63
中度间伐区	$y = 5.933e^{-0.453t}$	2.00	8.53
弱度间伐区	$y = 5.957e^{-0.518t}$	1.79	7.50
对照区	$y = 5.715e^{-0.477t}$	1.44	7.64
平均		1.87	8.32

5.3.4.4　不同林型凋落物分解速率的比较

分解速率取决于分解基质的类型、环境因子及分解者的数量和活动等。在凋落物分解过程中,由于降水淋溶、自然破碎及代谢作用,干物质不断减少。凋落物分解速率可以用半分解期($t_{0.5}$)和分解 95% 所需要的时间($t_{0.95}$)两个指标来描述。

估算杂木林、红松林和柞树林三个树种枯枝落叶分解的半衰期,可得分解 50% 时,平均所需时间分别为 2.33 年、3.64 年和 2.44 年;95% 分解时,三种树种枯枝落叶分别为 9.88 年、15.63 年和 10.36 年。其中枯枝分解时间较慢,平均较枯枝落叶总量分解慢 1.5 ~ 2 倍;落叶分解速度较快,大约为枯枝落叶总量分解所用时间的 80%。可见,凋落物各成分分解速率并不相同,而凋落物整体分解速度较枯枝单独分解速度要快,这大概与枯枝落叶分解过程中的相互作用有关。从上述的研究结果还可以看出,杂木林和柞树林落叶的分解期较红松林短的多,而树枝的分解周期较红松林长,主要是因为阔叶树种树叶与微生物接触面积大,针叶接触面积小,柞树林和杂木林中均是以阔叶树为主,材质坚硬,不易分解。

比较三种林型的研究结果,基本遵循随着间伐强度的增加,枯枝落叶的分解速度呈下降趋势,即随着林分郁闭度增加,枯枝落叶的分解速度快。这主要是因为分解微生物大多为厌光、喜湿型,有研究表明,微生物的活动受水分影响较光照更为显著(代力民等,2001)。间伐强度小的林内,通风、透光条件均较差,水分含量较高,更适于微生物活动。但林地枯枝落叶层分解过快,林木来不及吸收,就被淋溶到土壤深层,极易造成养分的流失。

三种林型枯枝落叶分解的速度由大到小依次为:杂木林 > 柞树林 > 红松林。

四种处理枯枝落叶分解的速度由大到小大体为:对照区 > 弱度间伐区 > 中度间伐区 > 强度间伐区。

从分解速度看,阔叶树种的分解速率明显较针叶树种快,且多个树种组成的混交林较单一树种的纯林分解速度更快。不同树种间凋落物分解速度的差异,能够使树种在短期生长季节内养分的补充及时、充分,也能保证林地土壤养分的可持续利用,这也证实了混交林分类型较纯林稳定。

几组试验的分解曲线规律性较明显,主要是由于尼龙网袋阻止了大型土壤动物的进入,使得袋内分解物质所处环境条件及外界作用较一致。

几种林型的分解速度可能比实际分解速度要慢,因为尼龙网袋阻止了土壤动物的参与,而森林环境中,土壤动物对凋落物分解的作用过程往往很重要。

5.3.5　凋落物养分归还能力

森林凋落物是森林生态系统中生物营养循环的重要环节之一。凋落物中各种养分元素的含量对土壤肥力具有重要作用。凋落物是森林生态系统内维持土壤养分的重要物质来源,其所含的营养元素经腐解释放后归还给土壤,极显著地提高了土壤肥力(潘开文等,2004)。

凋落物养分归还量是凋落量与单位质量凋落物养分含量的乘积(周存宇,2003)。

林分每年以枯枝落叶的形式补充给林地土壤大量养分,有研究表明,林木生长 70% 以上的养分来源于枯枝落叶的分解。而一个地区只要在气候等自然条件较稳定并没有过多人为干扰的情况下,土壤养分会长期保持在一个相对稳定的范围内。故林木生长所吸收的养分大部分由枯枝落叶分解补给。因此,研究枯枝落叶的养分归还能力,再进一步深入研究林木生长所需养分的量,则可以评价枯枝落叶分解的快慢是否适宜,并通过调节树种组成或人为调控某些环境因子,控制枯枝落叶的养分归还速度,从而减少养分淋溶的量,使森林自身能够达到养分的永续利用。

5.3.5.1　杂木林

分析表 5-31 可以知道,凋落物的全 N 含量最高的是杂木林的强度间伐区,为 15.63 g/kg,中度间伐区次之,为 14.02 g/kg,弱度间伐区为 13.63 g/kg,对照区全 N 含量最少,仅为 12.81 g/kg。

表 5-31　不同间伐强度下杂木林凋落物的养分含量

(单位:g/kg)

养分	强度间伐区	中度间伐区	弱度间伐区	对照区
全 N	15.63	14.02	13.63	12.81
全 P	2.41	1.72	1.82	1.49
全 K	3.46	3.17	2.99	2.75

全 P 含量规律与全 N 不尽相同,强度间伐区含量最高,为

2.41 g/kg,弱度间伐区次之,为 1.82 g/kg,中度间伐区为 1.72 g/kg,对照区最少,仅 1.49 g/kg。

全 K 含量方面,规律不很明显,含量最高的为强度间伐区,达到 3.46 g/kg,杂木林中度间伐区和弱度间伐区含量次之,分别为 3.17 g/kg 和 2.99 g/kg,对照区含量最小,为 2.75 g/kg。

造成不同间伐强度下林分凋落物养分含量不同的主要原因是间伐强度不同,林地光照、水分条件均发生改变,下木及草本的种类和数量也开始发生变化,在长期的物竞天择中,形成各自不同的森林植被群落,故养分状况有所不同。强度间伐区由于林内光照条件好,下木及草本的种类和数量均较其他林分多,故各养分含量明显高于其他林分。下一步的深入研究,将对不同间伐强度下林分植物种类(包括下木和草本)分别进行养分成分分析,以期进一步揭示养分转化的机理。

分析表 5-32 可知,杂木林各间伐强度处理下,N、P、K 的养分归还量均以弱度间伐区为最多。虽然从凋落物的养分含量分析,强度间伐区凋落物养分含量最高,但由于凋落量较少,故养分归还量仍是多个指标综合作用的结果。每年归还的养分中 N 的含量弱度间伐区最大,其余依次为对照区、中度间伐区和强度间伐区;P 的归还量以弱度间伐区最多,其余依次为强度间伐区、中度间伐区和对照区;K 的归还量以弱度间伐区最大,其余依次为中度间伐区、对照区和强度间伐区。

表 5-32　不同间伐强度下杂木林的凋落物养分归还量

(单位:kg/(hm² · a))

养分	强度间伐区	中度间伐区	弱度间伐区	对照区
全 N	30.95	32.11	40.23	32.79
全 P	4.77	3.94	5.33	3.81
全 K	6.85	7.26	8.76	7.04

对各间伐强度下杂木林枯枝落叶全 N、全 P、全 K 的养分归还量作方差分析,结果表明,差异均极显著,$F_N = 15.01$、$F_P = 42.59$、$F_K = 9.23$ ($F_{0.05(3,8)} = 4.07$, $F_{0.01(3,8)} = 7.59$)。说明抚育间伐对杂木林枯枝落叶

的养分归还情况作用明显。

以这三种大量元素的总量作为凋落物向土壤归还养分的评价指标,从表5-32可以看出,林木以凋落物的形式每年向林地归还大量养分,不同间伐强度处理,林木每年向土壤归还的养分量也不相同。弱度间伐区归还养分的量最大,其次为对照区,再次为中度间伐区,归还量最少的为强度间伐区。

由表5-33可以看出,次生杂木林营养元素N的年凋落总量为30~40 kg/(hm² · a)。在凋落物各组分中,叶积累的N含量最多,为28~36 kg/(hm² · a),约占凋落物养分归还总量的90%,且以强度间伐区比例最高,占总凋落物中叶积累N含量的92.5%,其次为中度间伐区,占91.47%,再次为对照区和弱度间伐区,约占88.56%和88.39%。枯枝和落叶养分归还所占的比例规律性不强,这大概是由于枝和其他组分所占比例较小,其凋落物量及养分归还量受光照等因素影响不大等有关,相关机理有待于进一步深入研究。

表5-33 不同间伐强度下凋落物中全N的积累与分配

(单位:kg/(hm² · a))

组分	强度间伐区	中度间伐区	弱度间伐区	对照区
叶	28.63	29.37	35.56	29.04
枝	1.79	1.89	2.13	1.78
其他	0.52	0.85	2.54	1.97
合计	30.94	32.11	40.23	32.79
叶的比例(%)	92.5	91.47	88.39	88.56

由表5-34可以看出,凋落物中P的积累与归还仍是叶片所占比例最大,不同间伐强度下,叶片所占比例均为80%~81%,较之N,叶片中P的积累略少,更广泛地分布在枝和其他组分中。这与林木生长特征有关,大多数植物果实和种子中P的含量较高,故凋落物中养分归还的规律与N略有不同。枯枝中所积累P的含量比例与N较接近,其他组分中积累P的比例明显高于N。

K是一种易转移的元素,有研究表明(黄建辉等,2002),当植物枝叶开始老化、凋落之前,K 元素大量转移,富集在当年生新枝或新叶上。故在凋落物中 K 的含量并不是很高。从表 5-35 可以看出,凋落物中 K 的积累与归还仍以叶片为主,占凋落物养分总量的 85% ~ 87%。枝和其他组分的养分分配状况与 P 的规律相类似。

表 5-34　不同间伐强度下凋落物中全 P 的积累与分配

(单位:kg/(hm² · a))

组分	强度间伐区	中度间伐区	弱度间伐区	对照区
叶	3.83	3.16	4.29	3.11
枝	0.43	0.41	0.63	0.44
其他	0.51	0.37	0.41	0.26
合计	4.77	3.98	5.33	3.81

表 5-35　不同间伐强度下凋落物中全 K 的积累与分配

(单位:kg/(hm² · a))

组分	强度间伐区	中度间伐区	弱度间伐区	对照区
叶	5.86	6.25	7.59	6.05
枝	0.38	0.50	0.47	0.42
其他	0.61	0.51	0.70	0.57
合计	6.85	7.26	8.76	7.04

5.3.5.2　红松林

分析表 5-36 可以知道,凋落物的全 N 含量最高的是强度间伐区,为 20.22 g/kg,中度间伐区次之,为 18.28 g/kg,弱度间伐区为 16.36 g/kg,对照区全 N 含量最少,仅为 15.48 g/kg。

表 5-36　不同间伐强度下红松林凋落物的养分含量

(单位:g/kg)

养分	强度间伐区	中度间伐区	弱度间伐区	对照区
全 N	20.22	18.28	16.36	15.48
全 P	1.86	1.51	1.36	1.03
全 K	3.68	3.94	4.11	4.02

全 P 含量规律与全 N 不尽相同,强度间伐区含量最高,为 1.86 g/kg,其次为中度间伐区和弱度间伐区,对照区最少,为 1.03 g/kg。

全 K 含量方面,规律不很明显,含量最高的为弱度间伐区,达到 4.11 g/kg,对照区和中度间伐区次之,分别为 4.02 g/kg 和 3.94 g/kg,强度间伐区含量最小,为 3.68 g/kg。

分析表 5-37 可知,红松林各间伐强度处理下,N、P、K 的养分归还量在各间伐区内的情况与杂木林一致。每年归还的养分中均是以强度间伐区最大(除全 K 为弱度间伐区 > 强度间伐区),其余依次为弱度间伐区、中度间伐区和对照区。

表 5-37　不同间伐强度下红松林的凋落物养分归还量

(单位:kg/(hm² · a))

养分	强度间伐区	中度间伐区	弱度间伐区	对照区
全 N	13.30	10.79	12.52	8.95
全 P	1.22	0.89	1.04	0.60
全 K	2.42	2.32	3.14	2.32

对各间伐强度下红松林枯枝落叶全 N、全 P、全 K 的养分归还量作方差分析,结果表明,全 N、全 P 差异均极显著,全 K 差异不显著,$F_N =$ 14.13、$F_P = 54.39$、$F_K = 2.19$ ($F_{0.05(3,8)} = 4.07$, $F_{0.01(3,8)} = 7.59$)。说明抚育间伐对红松林枯枝落叶的养分归还情况(除 K)作用明显。

由表 5-38 可以看出,红松林营养元素 N 的年凋落总量为 8 ~ 14 kg/(hm² · a)。在凋落物各组分中,叶积累的 N 含量最多,为 6 ~ 10 kg/(hm² · a),约占凋落物养分归还总量的 75%,且以强度间伐区所占比例最高。

表 5-38　不同间伐强度下凋落物中全 N 的积累与分配

(单位:kg/(hm² · a))

组分	强度间伐区	中度间伐区	弱度间伐区	对照区
叶	9.57	8.02	9.38	6.65
枝	0.73	0.52	0.69	0.49
其他	3.00	2.25	2.45	1.81
合计	13.30	10.79	12.52	8.95

从表 5-39 可以看出,红松林凋落物中 P 的积累与归还仍是叶片所占比例最大,不同间伐强度下,叶片所占比例均在 70% 以上。植物果实和种子中 P 的含量较高,但由于当地村民采摘松籽,使得果实能自然凋落的数量极少。这也是影响凋落物中 P 的含量的原因之一。

表 5-39　不同间伐强度下凋落物中全 P 的积累与分配

(单位:kg/(hm² · a))

组分	强度间伐区	中度间伐区	弱度间伐区	对照区
叶	7.39	6.33	7.85	5.42
枝	0.52	0.48	0.53	0.36
其他	1.66	1.21	1.00	0.87
合计	9.57	8.02	9.38	6.65

从表 5-40 可以看出,凋落物中 K 的积累与归还在叶和枝组分中所占的比例很相近,各占凋落物养分总量的 40% 以上。这个结果可能与 K 元素的活动性强,在叶片凋落前已大量转移,而在树枝、花絮等其他组分中积累有关。

表 5-40　不同间伐强度下凋落物中全 K 的积累与分配

(单位:kg/(hm² · a))

组分	强度间伐区	中度间伐区	弱度间伐区	对照区
叶	3.42	3.03	3.38	2.36
枝	3.09	2.46	3.68	2.31
其他	0.88	0.84	0.79	0.75
合计	7.39	6.33	7.85	5.42

5.3.5.3　柞树林

分析表 5-41 可知,柞树林凋落物全 N 含量最高的是对照区,为 39.21 g/kg,中度间伐区次之,为 36.99 g/kg,强度间伐区为 34.04 g/kg,弱度间伐区全 N 含量最少,仅为 30.02 g/kg。

全 P 含量规律与全 N 相同,对照区枯枝落叶含量最高,为 3.75 g/kg,其次为中度间伐区和强度间伐区,弱度间伐区最少,为 2.95 g/kg。

表 5-41　不同间伐强度下柞树林凋落物的养分含量

(单位:g/kg)

养分	强度间伐区	中度间伐区	弱度间伐区	对照区
全 N	34.04	36.99	30.02	39.21
全 P	3.30	3.67	2.95	3.75
全 K	10.77	11.83	9.25	11.81

全 K 含量规律不很明显,含量最高的为中度间伐区,达到 11.83 g/kg,对照区和强度间伐区次之,分别为 11.81 g/kg 和 10.77 g/kg,弱度间伐区含量最小,为 9.25 g/kg。

分析表 5-42 可知,柞树林各间伐强度处理下,N、P、K 的养分归还量在各间伐区内的情况与杂木林大体一致。除了全 N 的含量为对照区 > 弱度间伐区外,每年归还的养分中均是以强度间伐区最大,其余依次为中度间伐区、弱度间伐区和对照区。

表 5-42　不同间伐强度下柞树林凋落物的养分归还量

(单位:kg/(hm² · a))

养分	强度间伐区	中度间伐区	弱度间伐区	对照区
全 N	29.58	28.45	28.21	28.43
全 P	2.86	2.82	2.78	2.72
全 K	9.36	9.10	8.69	8.56

对各间伐强度下柞树林枯枝落叶全 N、全 P、全 K 的养分归还量作方差分析,结果表明,差异均极显著,$F_N = 12.62$、$F_P = 11.41$、$F_K = 12.18$($F_{0.05(3,8)} = 4.07$, $F_{0.01(3,8)} = 7.59$)。说明抚育间伐对柞树林枯枝落叶的养分归还情况作用明显。

由表 5-43 可以看出,柞树林营养元素 N 的年凋落总量为 28 ~ 30 kg/(hm² · a)。在凋落物各组分中,叶积累的 N 含量最多,为 24 ~ 26 kg/(hm² · a),约占凋落物养分归还总量的 90%,枝和其他组分所占比例较小。

表 5-43 不同间伐强度下凋落物中全 N 的积累与分配

（单位:kg/(hm² · a)）

组分	强度间伐区	中度间伐区	弱度间伐区	对照区
叶	25.90	25.04	24.49	24.94
枝	1.95	1.92	2.11	1.80
其他	1.74	1.50	1.61	1.69
合计	29.58	28.45	28.21	28.43

由表 5-44 可知,柞树林凋落物中 P 的积累与归还仍是叶片所占比例最大,不同间伐强度下,叶片所占比例均占 80% 以上。植物果实和种子中 P 的含量较高,但由于柞树果实较少,可能也与收集箱放置的位置有关,凋落物中其他成分 P 的含量较少。

表 5-44 不同间伐强度下凋落物中全 P 的积累与分配

（单位:kg/(hm² · a)）

组分	强度间伐区	中度间伐区	弱度间伐区	对照区
叶	2.51	2.49	2.46	2.43
枝	0.57	0.54	0.51	0.45
其他	0.16	0.17	0.18	0.20
合计	3.24	3.20	3.15	3.08

从表 5-45 可以看出,凋落物中 K 的积累与归还仍以叶为主。枝和其他组分中所占的比例很相近。

表 5-45　不同间伐强度下凋落物中全 K 的积累与分配

(单位:kg/(hm² · a))

组分	强度间伐区	中度间伐区	弱度间伐区	对照区
叶	6.02	5.77	5.59	5.43
枝	0.42	0.38	0.36	0.39
其他	0.48	0.57	0.47	0.51
合计	6.92	6.73	6.42	6.33

5.3.6　枯枝落叶与林木生长状况的关联分析

5.3.6.1　杂木林林木生长状况与凋落物性质的关联分析

选取不同间伐强度下杂木林生长状况及生物量指标如叶面积指数、生物量、平均直径增长量、材积生长量和蓄积量,以及凋落物指标如年凋落量、凋落物贮量、分解转化率、平均分解率、半衰期和养分归还能力,组成关联分析的评价指标体系,建立评价指标,见表 5-46。

对以上数据进行标准化,建立相关矩阵如表 5-47 所示。

以凋落物性质为母序列,则杂木林不同间伐下林木的生长状况与年凋落量,关联系数为:

1	0.767	0.333	0.396
1	0.671	0.565	0.610
1	0.979	0.897	0.923
1	0.809	0.333	0.625
1	0.401	0.361	0.453

灰色关联度为:

0.624　　0.711　　0.950　　0.692 9　　0.554

相同方法求得生长状况与凋落物贮量灰色关联度为:

0.971　　0.713　　0.700　　0.796　　0.557

生长状况与分解转化率灰色关联度为:

0.657　　0.829　　0.882　　0.731　　0.595

生长状况与平均分解率灰色关联度为:

0.646　　0.918　　0.844　　0.783　　0.673

表 5-46　杂木林各评价指标值

不同林型	叶面积指数 LAI	生物量	平均直径增长量	材积生长量	蓄积量	年凋落量	凋落物贮量	分解转化率	平均分解率	半衰期	养分归还能力
对照区	2.28	0.67	0.37	0.48	0.16	2.56	13.11	79.24	15.04	1.97	43.65
弱度间伐区	2.30	0.62	0.42	0.60	0.29	2.93	11.90	82.26	16.58	2.09	54.32
中度间伐区	2.21	0.83	0.35	0.50	0.27	2.29	11.31	76.38	17.94	2.15	43.30
强度间伐区	2.24	0.71	0.30	0.44	0.21	1.98	12.71	78.13	15.69	3.12	42.57

表 5-47　各评价指标之间相关系数矩阵 R_1

不同林型	叶面积指数 LAI	生物量	平均直径增长量	材积生长量	蓄积量	年凋落量	凋落物贮量	分解转化率	平均分解率	半衰期	养分归还能力
对照区	1.00	0.53	0.33	0.33	0.51	0.79	0.73	0.82	0.33	0.75	0.97
弱度间伐区	1.00	0.50	0.33	0.33	0.55	0.33	0.33	0.33	0.33	0.33	0.75
中度间伐区	1.00	0.62	0.33	0.33	0.51	0.94	0.72	0.74	0.66	0.96	0.90
强度间伐区	1.00	0.55	0.33	0.33	0.47	0.80	0.33	0.33	0.33	0.33	0.63

生长状况与半衰期灰色关联度为：

0.668　　　　0.817　　　　0.809　　　　0.696 1　　　　0.697

生长状况与养分归还能力灰色关联度为：

0.753　　　　0.695　　　　0.810　　　　0.694　　　　0.589

关联度情况见图 5-19。

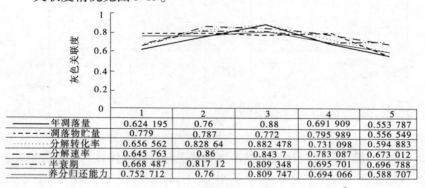

	1	2	3	4	5
—— 年凋落量	0.624 195	0.76	0.88	0.691 909	0.553 787
- - - 凋落物贮量	0.779	0.787	0.772	0.795 989	0.556 549
······ 分解转化率	0.656 562	0.828 64	0.882 478	0.731 098	0.594 883
—·— 分解速率	0.645 763	0.86	0.843 7	0.783 087	0.673 012
——— 半衰期	0.668 487	0.817 12	0.809 348	0.695 701	0.696 788
—— 养分归还能力	0.752 712	0.76	0.809 747	0.694 066	0.588 707

图 5-19　杂木林生长状况与凋落物关联分析

5.3.6.2　红松林林木生长状况与凋落物性质的关联分析

方法同杂木林，计算求得红松林林木生长状况与凋落物性质关联度情况见图 5-20。

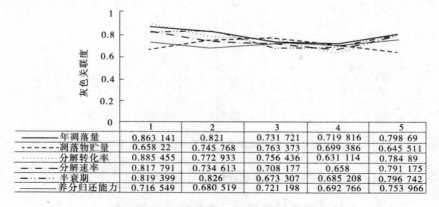

	1	2	3	4	5
—— 年凋落量	0.863 141	0.821	0.731 721	0.719 816	0.798 69
- - - 凋落物贮量	0.658 22	0.745 768	0.763 373	0.699 386	0.645 511
······ 分解转化率	0.885 455	0.772 933	0.756 436	0.631 114	0.784 89
—·— 分解速率	0.817 791	0.734 613	0.708 177	0.658	0.791 175
——— 半衰期	0.819 399	0.826	0.673 307	0.685 208	0.796 742
—— 养分归还能力	0.716 549	0.680 519	0.721 198	0.692 766	0.753 966

图 5-20　红松林生长状况与凋落物关联分析

5.3.6.3 柞树林林木生长状况与凋落物性质的关联分析

柞树林林木生长状况与凋落物性质关联度情况见图 5-21。

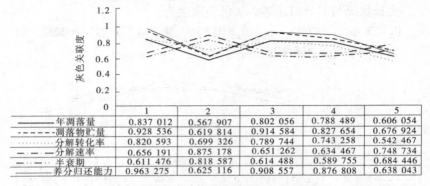

	1	2	3	4	5
——— 年凋落量	0.837 012	0.567 907	0.802 056	0.788 489	0.606 054
- - - 凋落物贮量	0.928 536	0.619 814	0.914 584	0.827 654	0.676 924
······· 分解转化率	0.820 593	0.699 326	0.789 744	0.743 258	0.542 467
─ · ─ 分解速率	0.656 191	0.875 178	0.651 262	0.634 467	0.748 734
─ ─ 半衰期	0.611 476	0.818 587	0.614 488	0.589 755	0.684 446
——— 养分归还能力	0.963 275	0.625 116	0.908 557	0.876 808	0.638 043

图 5-21 柞树林生长状况与凋落物关联分析

5.3.6.4 综合考虑各林型的林木生长状况与凋落物性质的关联分析

综合考虑各林型林木生长状况与凋落物性质关联度情况见图 5-22。

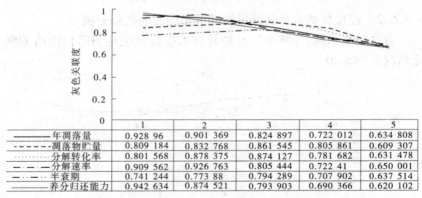

	1	2	3	4	5
——— 年凋落量	0.928 96	0.901 369	0.824 897	0.722 012	0.634 808
- - - 凋落物贮量	0.809 184	0.832 768	0.861 545	0.805 861	0.609 307
······· 分解转化率	0.801 568	0.878 375	0.874 127	0.781 658	0.631 478
─ · ─ 分解速率	0.909 562	0.926 763	0.805 444	0.722 41	0.650 001
─ ─ 半衰期	0.741 244	0.773 88	0.794 289	0.707 902	0.637 514
——— 养分归还能力	0.942 634	0.874 521	0.793 903	0.690 366	0.620 102

图 5-22 综合考虑各林型林木生长状况与凋落物性质的关联分析

5.3.7 枯枝落叶与生物多样性的关联分析

5.3.7.1 杂木林生物多样性与凋落物性质的关联分析

杂木林生物多样性与凋落物性质的关联分析见图 5-23。

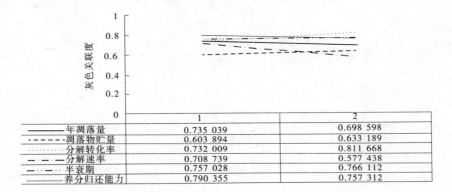

图5-23　杂木林生物多样性与凋落物性质的关联分析

	1	2
——— 年凋落量	0.735 039	0.698 598
- - - - 凋落物贮量	0.603 894	0.633 189
········· 分解转化率	0.732 009	0.811 668
— - — 分解速率	0.708 739	0.577 438
—·—·— 半衰期	0.757 028	0.766 112
——— 养分归还能力	0.790 355	0.757 312

5.3.7.2　红松林生物多样性与凋落物性质的关联分析

红松林生物多样性与凋落物性质的关联分析见图 5-24。

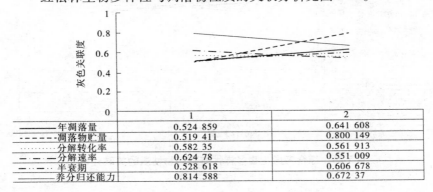

图5-24　红松林生物多样性与凋落物性质的关联分析

	1	2
——— 年凋落量	0.524 859	0.641 608
- - - - 凋落物贮量	0.519 411	0.800 149
········· 分解转化率	0.582 35	0.561 913
— - — 分解速率	0.624 78	0.551 009
—·—·— 半衰期	0.528 618	0.606 678
——— 养分归还能力	0.814 588	0.672 37

5.3.7.3　柞树林生物多样性与凋落物性质的关联分析

柞树林生物多样性与凋落物性质的关联分析见图 5-25。

5.3.7.4　综合考虑各林型的生物多样性与凋落物性质的关联分析

综合考虑各林型的生物多样性与凋落物性质的关联分析见图 5-26。

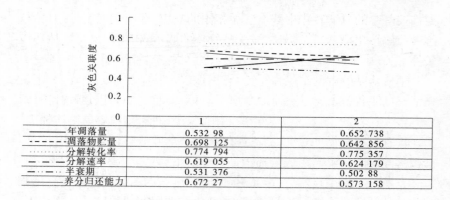

	1	2
年凋落量	0.532 98	0.652 738
凋落物贮量	0.698 125	0.642 856
分解转化率	0.774 794	0.775 357
分解速率	0.619 055	0.624 179
半衰期	0.531 376	0.502 88
养分归还能力	0.672 27	0.573 158

图 5-25　柞树林生物多样性与凋落物性质的关联分析

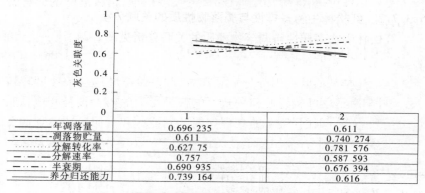

	1	2
年凋落量	0.696 235	0.611
凋落物贮量	0.611	0.740 274
分解转化率	0.627 75	0.781 576
分解速率	0.757	0.587 593
半衰期	0.690 935	0.676 394
养分归还能力	0.739 164	0.616

图 5-26　综合考虑生物多样性与凋落物性质的关联分析

5.4　结论与讨论

5.4.1　辽东山区不同林型枯枝落叶贮量、分解转化率与间伐强度的关系

　　分析辽东山区三种林型枯枝落叶的贮量,得出如下规律:在辽东山区,林地凋落物量以分解层所占比例较大,基本在 60% 以上。不同林

型枯枝落叶的分解转化率基本遵循相同的规律,即间伐强度越小,枯枝落叶分解转化率越高,这与枯枝落叶每年的凋落量有关,也与林地环境条件有关。

枯枝落叶分解的结果在于,一方面促进森林系统养分循环,一定意义上有助于提高林地土壤肥力;另一方面,如果枯枝落叶分解过快,营养元素大量释放,植物来不及吸收利用,或逢雨季,则很容易淋溶损失。故评价森林养分循环状况,并不能仅从枯枝落叶分解转化率进行评价,枯枝落叶的贮量及其组成情况也是其重要指标。

方差分析结果显示,在杂木林和柞树林内,四组间伐强度下林分枯枝落叶分解转化率差异不显著,只有红松林四组间伐强度差异极显著。故为更好地评价抚育间伐措施对森林的作用机理,枯枝落叶的分解转化率暂不作为评价指标。

5.4.2　枯枝落叶不同组分的分解特点

从上述枯枝落叶的组分分解规律看,凋落物中叶的分解速度较快,阔叶树种的落叶较针叶树种快。间伐强度大的树木枝繁叶茂,枝、叶分配较均衡;间伐强度小的处理如弱度间伐区和对照区凋落物成分叶少枝多——自然稀疏主要是枝的量增加。故凋落物中枝的含量常随着间伐强度的增加而增加。

5.4.3　枯枝落叶分解的五个指标间关系

综上所述,描述林地枯枝落叶分解状态的五种指标各有特点,侧重点各不相同。年凋落量反映出每年的养分归还数量,取决于生长状况;枯枝落叶贮量既受每年凋落物补给的影响,又受分解速率的制约;分解转化率反映了一段时期内林地凋落物的养分转化情况,是一个静态的分解指标;平均分解率是反映一年内凋落物的转化状况,是一个动态的分解指标;而分解模型则是反映同一分解物质在不同时期的分解状态。研究中出现的同一林分类型在不同指标尺度下,抚育间伐的作用效果规律不完全一致,正是由于各指标侧重点不同。如从分解模型看,凋落物在分解过程中均存在两个时期:前期分解速度较快,而后期分解速度较慢,即使在一年内各时期分解速率也不相同。枯枝落叶的分解过程是一个极其复杂的物理、化学、生物变化过程,用单一指标描述枯枝落叶的分解状态,往往很难全面表述其分解转化规律。

　　森林凋落物的生产和分解是森林生态系统养分循环和能量转化的一个重要环节,对林木的生长和系统养分平衡起着重要作用,落叶是森林凋落物的主要部分,在所研究样地的凋落物中不同林型、不同间伐强度枯枝落叶的分解速度有各自特点。故探讨不同处理对林分可持续利用的机制,枯枝落叶的分解规律也是其重要组成部分。

第 6 章 不同抚育措施对各林型 土壤特性的作用

6.1 引言

森林能够改良土壤、提高土壤肥力的研究已经进行很多,孙翠玲等(1995)经过研究发现,杨树(*Populus* L.)与刺槐(*Robinia pseudoacacia* L.)、沙棘(*Hippophae rhamnoides* L.)、紫穗槐(*Amorpha fruticosa* L.)混交后,对土壤营养元素含量、土壤微生物数量、土壤酶活性等方面都有明显提高,且能促进林木生长。赵忠等(1994)对黄土高原的油松(*Pinus tabulae formis*)、侧柏(*Platycladus orientalis*)混交林研究发现,森林能改善土壤酶活性。唐效蓉、李午平等对马尾松天然次生林研究后发现,间伐后土壤速效 N、速效 P、速效 K 含量以及土壤含水率、有机碳、有机质含量都有明显提高。张鼎华等的研究也发现,间伐后土壤微生物数量增加,土壤容重降低,总孔隙度、速效养分、土壤肥力都得到了改善和提高。也有研究者认为,移走间伐木带走了土壤养分,从而使土壤肥力降低,但适当的间伐对林地土壤肥力的负面影响是很微小的。

适宜强度的抚育间伐能够改良森林土壤性质已得到普遍认可。林有乐(2003)的研究结果显示,在其设置的强度、中度、弱度间伐强度和对照区的试验区内,随着间伐强度的增大,林地土壤自然含水量、贮水量增大,土壤有机质、全 N、全 P、水解 N、速效 P、速效 K 含量增加。庞学勇等(2004)在川西云杉林的研究中发现,凋落物的分解速率和周转期均较次生阔叶林和原始云杉林慢,导致人工林有机物和养分库严重退化,土壤中有机质、全 N、全 P 和碱解 N 含量随人工云杉林龄的增加而大幅度下降。而对人工成熟林抚育间伐可改善成熟林下微环境和改变林分组成,从而很大程度上防治云杉人工林土壤有机物和养分库的退化。

土壤呼吸是指土壤向大气排放二氧化碳的过程,是陆地生态系统碳循环的一个重要组成部分,是土壤有机碳输出的主要形式,包括土壤微生物呼吸、土壤动物呼吸、植物根系呼吸和土壤中含碳物质化学氧化过程。其中,土壤微生物呼吸和植物根系呼吸所排放的二氧化碳占土壤呼吸总量的绝大部分。土壤呼吸作为陆地生态系统碳循环的重要组成部分,往往可以作为表层土壤质量和肥力以及土壤透气性的重要指标,土壤呼吸的高低可以反映土壤养分循环供应水平,对所在地生态系统的初级生产力产生较大影响(林丽莎等,2004)。

土壤呼吸是衡量土壤中生物活动能力的重要指标,在森林生态系统中,分解者在把复杂的有机物转化成简单的无机物过程中,不断地释放 CO_2,因此土壤呼吸与枯枝落叶分解有着密切的联系(刘绍辉等,1998;蒋高明等,1997;蒋延玲等,2005;周存宇等,2005;王娓等,2002;孙向阳等,2001)。在土壤释放 CO_2 方面,国内有人研究了农田生态系统排放 CO_2 规律(张晓龙等,2002),国外不仅开展了自然生态系统释放 CO_2 过程的测定(李凌浩,2000;黄承才,1999),还进行了 CO_2 浓度升高对土壤呼吸影响方面的模拟试验研究(蒋高明,1997;Anderson,1973;Buchmann,2000)。陆地生态系统排放 CO_2 研究的最终目的是确定陆地生态系统在全球性碳循环过程中源和库的关系及其对全球变化的贡献(Carlyle,1988)。在这项基础研究方面,国内虽然开展了农田排放 CO_2 的测定,但对自然生态系统(森林、草地等)土壤碳释放的了解还不够深入,需要进一步研究这些不同类型的生态系统对碳循环的贡献。本书对辽东山区三种主要森林群落的 CO_2 释放量进行研究,旨在了解该群落土壤释放 CO_2 的规律,并以此作为衡量不同林型土壤肥力状况的一个指标。

本书在定量研究不同抚育措施对森林土壤性质影响的基础上,将其作为评价森林作用效果的一项指标。不同强度抚育间伐下各林型的土壤特性的研究主要包括五个方面:①土壤物理性质的分析;②土壤化学性质的分析;③土壤生物特性的分析;④土壤呼吸;⑤森林凋落物特性与土壤特性的关联分析。

6.2　研究方法

6.2.1　取样

6.2.1.1　理化性质分析样品取样

在标准地内按"S"形取 5 个点,分别在 0 ~ 10 cm、10 ~ 20 cm 用环刀取原状土,测定土壤物理性质。用土铲按 0 ~ 10 cm、10 ~ 20 cm 取土,装入铝盒,烘干法求算土壤含水率;用四分法布袋取土自然风干后,过筛,测定土壤化学性质。

6.2.1.2　微生物样品的采集

于 2005 年 8 月 10 日在每个样地内按对角线随机设置 5 个采样点,进行微生物样品的采集。样品采集时挖 5 个土壤剖面,用消毒的土壤刀采集 0 ~ 20 cm 土层的土壤,每采集一个土壤样品,要对土壤刀消毒。每个点采集土壤微生物样品 4 个。样品采集后立即带回实验室进行试验。

6.2.2　土壤性质分析

6.2.2.1　物理性质测定

采用环刀系列分析法,测定土壤容重、毛管孔隙度、田间持水量、渗透速率等指标(张万儒,1986)。

6.2.2.2　化学性质测定

测定方法参见鲍士旦主编的《土壤农化分析》,具体方法如下:

土壤有机质含量:重铬酸钾容量法 – 外加热法;

全 N 含量:半微量开氏法;

全 P 含量:硫酸 – 高氯酸消煮 – 钼锑抗比色法;

缓效 K 含量:热硝酸浸提 – 火焰光度计法;

速效 N 含量:碱解扩散法;

速效 P 含量:碳酸氢钠浸提 – 钼锑抗比色法;

速效 K 含量:醋酸氨浸提 – 火焰光度计法;

6.6.2.3　土壤微生物含量

　　细菌、放线菌和真菌活菌数量的测定采用稀释平板计数法,用混均法接种,培养基分别为牛肉蛋白胨琼脂培养基、加链酶素的高氏 1 号培养基和加孟加拉红的马丁氏培养基。

6.2.3　土壤呼吸测定

　　采用 Li – 6400 光合仪土壤气室测定(Wang Huimei 等,2005)。在不同林型的林地内进行野外观测。用静态箱采集气体前,将 PVC 管切成的气室埋入林地,埋入土壤深度约 5 cm。埋入工作提前 1 d 进行,以尽量恢复因底座的嵌入对土壤的扰动,将绿色草本层在根处剪断捡净,保留枯枝落叶,从而去除植物地上部光合作用对土壤呼吸的影响。所测定的土壤呼吸包括植物根系、微生物、土壤动物的呼吸及有机物分解释放的 CO_2(但不包括植物地上部呼吸),即土壤释放 CO_2 的强度。用 Li – 6400 土壤气室罩在上述土壤上。同时测定大气 CO_2 浓度、大气温度和地面温度等参数。每个林分类型只做一昼夜 CO_2 释放通量观测,采样频率为 1 次/10 min。每个林型(包括不同间伐强度处理)设置 3 个重复。

6.3　结果与分析

　　土壤是地壳表层经风化、腐殖化作用及其产物的移动而形成的疏松部分。森林土壤是森林植被下产生和发育起来的,不同植被类型深刻地影响着土壤的性状。

6.3.1　土壤物理性质

6.3.1.1　不同间伐强度下杂木林对土壤物理性质的作用

　　分析表 6-1 可以知道杂木林在不同间伐强度下的物理性质。①土壤容重:各间伐区都好于对照区,其中以中度间伐区土壤容重值最低。②田间持水量:各间伐区下的田间持水量比对照区都有所提高,中度间伐区提高最多。③渗透速率:各间伐区都高于对照区(除弱度间伐区),中度间伐区提高最多。

表 6-1　不同间伐强度下杂木林的土壤物理性质

间伐强度	土层 (cm)	土壤容重 (g/cm³)	田间持水量 (%)	渗透速率 (mm/min)
对照区	0 ~ 10	1.09	12.27	1.83
	10 ~ 20	1.36	6.61	0.57
弱度间伐区	0 ~ 10	1.09	16.04	1.19
	10 ~ 20	1.24	12.27	0.32
中度间伐区	0 ~ 10	1.01	22.65	8.24
	10 ~ 20	1.05	13.21	4.49
强度间伐区	0 ~ 10	1.03	16.99	6.80
	10 ~ 20	1.24	13.21	3.88

对各间伐强度下杂木林 0 ~ 20 cm 土壤容重的平均值作方差分析,结果表明,差异显著,$F = 5.07$($F_{0.05(3,8)} = 4.07$)。说明抚育间伐对杂木林土壤物理性质作用较明显。

对杂木林不同间伐强度下的土壤性质进行综合排序,从高到低顺序为:中度间伐区(2.02)、强度间伐区(0.85)、弱度间伐区(-0.54)和对照区(-2.3)。

6.3.1.2　不同间伐强度下红松林对土壤物理性质的作用

不同间伐强度的红松林地土壤物理性质如表 6-2 所示。

分析表 6-2 可知不同间伐强度下红松林在 0 ~ 20 cm 内土层的物理性质变化。

(1)土壤容重:0 ~ 10 cm 内土壤容重最大的为弱度间伐区 1.18 g/cm³;其次为强度间伐区 1.02 g/cm³;再次为中度间伐区 0.98 g/cm³;最小的为对照区 0.91 g/cm³。容重反映土壤疏松状况,结果表明,对照区和中度间伐区土壤较疏松。10 ~ 20 cm 土层中中度间伐区和强度间伐区土壤容重状况较弱度间伐区和对照区有了很大改善,容重最小的为中度间伐区,其次分别为强度间伐区和对照区,弱度间伐区容重最大。

表 6-2　不同间伐强度下红松林的土壤物理性质

间伐强度	土层 （cm）	土壤容重 （g/cm³）	田间持水量 （%）	渗透速率 （mm/min）
对照区	0 ~ 10	0.91	20.65	3.04
	10 ~ 20	1.32	7.23	1.59
弱度间伐区	0 ~ 10	1.18	19.62	3.00
	10 ~ 20	1.41	5.16	1.70
中度间伐区	0 ~ 10	0.98	21.68	4.32
	10 ~ 20	1.1	12.39	1.52
强度间伐区	0 ~ 10	1.02	29.94	4.31
	10 ~ 20	1.23	12.39	3.17

（2）田间持水量:0 ~ 10 cm 内持水量最高的为强度间伐区,其次为中度间伐区、对照区和弱度间伐区。10 ~ 20 cm 内,这种规律仍被保持。且强度间伐区林地土壤的田间持水量比对照区有明显提高,提高近 1 倍,中度间伐区和弱度间伐区与对照区相差不大。

（3）渗透速率:渗透速率是指单位时间内水分通过单位体积土壤的量,渗透速率大,表明土壤疏松,利于水分移动。表层土壤(0 ~ 10 cm)的渗透速率在强度间伐区和中度间伐区较相近,均达到 4.32 mm/min 以上,对照区和弱度间伐区相对小得多。10 ~ 20 cm 土壤中,强度间伐区土壤渗透速率最快,明显高于其他几组处理,达到 3.17 mm/min;其余处理渗透速率排序依次为弱度间伐区、对照区和中度间伐区。

考虑到各指标为环刀连续观测值,故选取容重作为土壤物理性质的代表指标。对各间伐强度下红松林 0 ~ 20 cm 土壤容重的平均值作方差分析,结果表明,差异极显著,$F = 8.74$($F_{0.05(3,8)} = 4.07$,$F_{0.01(3,8)} = 7.59$)。说明抚育间伐对红松林土壤物理性质作用明显。

　　以上试验结果表明,采取不同抚育间伐措施后,随着林木生长状况的不同,林地土壤物理性质也发生着相应变化。林地的表层土壤(0~10 cm)物理性质的改善主要靠枯枝落叶层的作用,10~20 cm 土壤性质主要由林木根系生长、穿插形成疏松多孔的森林独特土壤类型。强度间伐区由于林木获得了足够的生长空间,林木生长良好,尤其根系生长对下层土壤作用较明显,故 10~20 cm 各项物理指标有了明显改善。

　　森林土壤的物理性质常具有疏松多孔的特性,是反映森林土壤性状的重要指标。故对物理性质的指标进行综合排序,能较全面地评价森林土壤的物理性质。

　　由于各项物理指标不是同一类别的指标,为完全考虑到土壤物理性质评价的总体排序,故需要将所有评价指标首先进行标准化(见表6-3、表6-4)。

表 6-3　不同间伐强度下红松林土壤物理性质标准化值

间伐强度	土壤容重 （ g/cm³）	田间持水量 （%）	渗透速率 （mm/min）
对照区	− 0.267	− 0.567	0.133
弱度间伐区	1.404	− 0.967	− 0.722
中度间伐区	− 0.963	0.233	− 0.775
强度间伐区	− 0.174	1.300	1.364

表 6-4　不同间伐强度下红松林土壤物理性质的相关性

物理性质	土壤容重 （ g/cm³）	田间持水量 （%）	渗透速率 （mm/min）
土壤容重(g/cm³)	1.000	− 0.552	− 0.180
田间持水量(%)	− 0.552	1.000	0.738
渗透速率(mm/min)	− 0.180	0.738	1.000

　　各因子载荷矩阵见表6-4,根据加乘法则,对各个因子指标采用乘法进行合成,计算各间伐强度下土壤物理性质的综合指标,从高到低顺

序为:强度间伐区(2.2)、中度间伐区(0.05)、对照区(-0.45)、弱度间伐区(-1.86)。

表 6-5　不同间伐强度下红松林土壤物理性质因子载荷矩阵

物理性质	土壤容重 (g/cm^3)	田间持水量 (%)	渗透速率 (mm/min)
载荷矩阵	-0.572	0.976	0.842

6.3.1.3　不同间伐强度下柞树林对土壤物理性质的作用

分析表 6-6 可知柞树林在不同间伐强度下的物理性质。①土壤容重:0~10 cm 土层中中度间伐区和弱度间伐区均好于对照区,强度间伐区与对照区相比土壤容重增加。②田间持水量:各间伐区下的田间持水量比对照区都有所下降,中度间伐区比弱度间伐区和强度间伐区略高。③渗透速率:中度间伐区和弱度间伐区比对照区有所提高,中度间伐区提高值比较高,强度间伐区和对照区基本持平。

表 6-6　不同间伐强度下的柞树林土壤物理性质

间伐强度	土层 (cm)	土壤容重 (g/cm^3)	田间持水量 (%)	渗透速率 (mm/min)
对照区	0~10	1.01	28.14	4.54
	10~20	1.06	20.85	2.41
弱度间伐区	0~10	0.97	21.89	4.93
	10~20	1.10	19.80	2.68
中度间伐区	0~10	0.84	26.06	6.7
	10~20	1.16	16.68	3.04
强度间伐区	0~10	1.08	21.89	4.54
	10~20	1.52	19.80	4.13

对各间伐强度下柞树林 0~20 cm 土壤容重的平均值作方差分析,结果表明,差异极显著,$F = 15.93$($F_{0.05(3,8)} = 4.07$,$F_{0.01(3,8)} = 7.59$)。

说明抚育间伐对栎树林土壤物理性质作用明显。

对栎树林不同间伐强度下的土壤物理性状进行综合排序,从高到低顺序为:对照区(2.2)、弱度间伐区(0.27)、中度间伐区(-0.93)、强度间伐区(-1.54)。

6.3.2 土壤化学性质

反映土壤肥力的化学指标较多,森林土壤中经常用土壤有机质、土壤全 N、土壤全 P 含量反映土壤化学性质。土壤有机质是土壤中各种营养元素包括 N、P 的重要来源。且有机质具有胶体的特性,能吸附大量阳离子,因而使土壤具有较好的保肥性、保水性、耕性、缓冲性,还能使土壤疏松,从而可改善土壤的物理性质,是土壤微生物必不可少的碳源和能源,所以土壤有机质含量的多少是土壤肥力高低的又一重要化学指标。土壤全 N 含量是评价土壤肥力水平的一项重要指标,在一定程度上代表土壤的供 N 水平,其消长取决于 N 的积累和消耗的相对强弱,特别是取决于土壤中有机质的生物积累和分解作用的相对强弱。土壤中速效 P 可表征土壤的供 P 状况和指导磷肥的施用,也是诊断土壤有效肥力的指标之一,速效 K 作为当季土壤供 K 能力的肥力指标。

6.3.2.1 不同间伐强度下杂木林对土壤化学性质的影响

分析表 6-7 可知,不同间伐强度下杂木林的土壤化学性质变化。

(1)有机质含量:其中在 0~10 cm 土壤中,各间伐强度下有机质含量均比对照区小,但不同间伐强度间,随着间伐强度的减少,有机质含量减少。在 10~20 cm 土壤层中,所有间伐区有机质含量均高于对照区。各间伐强度间以弱度间伐区最大,其次为中度间伐区,含量最小的为强度间伐区。

(2)N 含量:不同强度的间伐区较对照区含量均有不同程度的减少,各强度间伐区内,全 N 含量基本是随着间伐强度增加,全 N 含量减少。速效 N 含量的排序与全 N 含量的排序明显不同,表现为弱度间伐区和中度间伐区速效 N 含量较高,对照区和强度间伐区含量相对较低。

(3)P 含量:全 P 含量在 0~10 cm 表层土壤中,各间伐区较对照区均有所增加,在 10 ~ 20 cm 土壤中,这种规律仍基本保持。速效 P 含量与全 P 含量规律基本一致,只是在 0 ~ 10 cm 表层土壤中强度间伐区内速效 P 含量明显高于其余各处理。不同深度土壤规律较相似。

表 6-7　不同间伐强度下杂木林的土壤化学性质

间伐强度	土层 （cm）	pH	有机质 （g/kg）	全 N （g/kg）	速效 N （mg/kg）	全 P （g/kg）	速效 P （mg/kg）	速效 K （mg/kg）
对照区	0 ~ 10	6.86	31.49	2.92	238.7	1.52	12.29	277.06
	10 ~ 20	6.71	12.78	1.20	147	1.33	10.24	91.92
弱度间伐区	0 ~ 10	6.84	29.44	2.74	316.4	1.63	15.59	248.96
	10 ~ 20	6.64	20.18	1.05	135.1	1.48	13.64	95.84
中度间伐区	0 ~ 10	6.81	28.99	2.35	246.4	1.65	13.56	304.89
	10 ~ 20	6.58	18.60	1.14	147	1.39	12.75	115.53
强度间伐区	0 ~ 10	6.83	29.16	2.34	235.9	1.68	16.51	245.17
	10 ~ 20	6.69	17.26	1.11	147	1.42	13.13	130.03

（4）速效 K 含量:以中度间伐区最高,其余依次为对照区、弱度间伐区、强度间伐区。不同深度土壤内,速效 K 含量规律基本相同。

对各间伐强度下杂木林 0 ~ 20 cm 土壤有机质含量平均值作方差分析,结果表明,差异不显著,$F = 2.24$（$F_{0.05(3,8)} = 4.07$, $F_{0.01(3,8)} = 7.59$）。说明抚育间伐对杂木林土壤化学性质作用不明显。

对杂木林不同间伐强度下的土壤化学性质进行综合排序,从高到低顺序为:弱度间伐区（1.27）、中度间伐区（0.1）、强度间伐区（0.09）和对照区（-1.47）。

6.3.2.2　不同间伐强度下红松林对土壤化学性质的影响

红松林不同间伐强度化学性质见表 6-8。

（1）有机质含量:在 0 ~ 10 cm 土壤中,各间伐强度下有机质含量均比对照区小,且不同间伐强度间,随着间伐强度的增加,有机质含量减少。在 10 ~ 20 cm 土壤层中,所有间伐区有机质含量均低于对照区。

各间伐强度间以中度间伐区最大,其次为弱度间伐区,含量最小的为强度间伐区。

(2)N含量:弱度间伐区和中度间伐区林地表层土壤(0~10 cm)全N含量较对照区含量均有不同程度的增加,强度间伐区较对照区下降。速效N含量的排序与全N含量的排序明显不同,表现为弱度间伐区和对照区速效N含量较高,中度间伐区和强度间伐区含量相对较低。10~20 cm土层内N的含量变化规律与表层土壤相近。

(3)P含量:全P含量在0~10 cm表层土壤中,中度间伐区和强度间伐区较对照区均有所提高,弱度间伐区与对照区基本持平。在10~20 cm土壤中,中度间伐区的含量明显高于其他处理。速效P含量与全P含量规律明显不同,表层土壤0~10 cm速效P含量由大到小的排列顺序为弱度间伐区、中度间伐区、强度间伐区和对照区。10~20 cm深度土壤中速效P含量的规律为随着间伐强度的增大,含量逐渐减少。

表6-8　不同间伐强度下红松林的土壤化学性质

间伐强度	土层(cm)	pH	有机质(g/kg)	全N(g/kg)	速效N(mg/kg)	全P(g/kg)	速效P(mg/kg)	速效K(mg/kg)
对照区	0~10	5.57	30.50	1.85	224.6	1.22	19.97	366.47
	10~20	5.42	22.26	0.98	185.5	1.07	15.32	180.21
弱度间伐区	0~10	5.48	26.77	1.89	238.0	1.21	30.24	296.96
	10~20	5.41	19.94	0.87	191.8	1.05	23.21	179.64
中度间伐区	0~10	5.52	26.21	1.87	207.2	1.31	28.81	258.09
	10~20	5.50	19.97	1.02	156.8	1.13	13.05	179.14
强度间伐区	0~10	5.49	25.75	1.75	168.0	1.29	27.73	285.63
	10~20	5.46	17.96	0.83	156.6	1.04	12.65	138.72

(4)速效K含量:速效K含量变化规律基本是随着间伐强度的增加,含量逐渐减少。只是在0~10 cm的表土层中,强度间伐区土壤速

效 K 含量高于中度间伐区。

选取土壤有机质含量作为土壤化学性质的代表指标,对各间伐强度下红松林 0 ~ 20 cm 土壤有机质含量平均值作方差分析,结果表明,差异显著,$F = 6.51(F_{0.05(3,8)} = 4.07)$。说明抚育间伐对红松林土壤化学性质作用较明显。

对红松林不同间伐强度下的土壤化学性质进行综合排序,从高到低顺序为:弱度间伐区(1.24)、中度间伐区(0.3)、强度间伐区(- 0.5)、对照区(- 1)。

6.3.2.3 不同间伐强度下柞树林对土壤化学性质的影响

分析表 6-9 可知,柞树林在不同间伐强度下的土壤化学性质变化。

表 6-9 不同间伐强度下柞树林的土壤化学性质

间伐强度	土层 (cm)	pH	有机质 (g/kg)	全 N (g/kg)	速效 N (mg/kg)	全 P (g/kg)	速效 P (mg/kg)	速效 K (mg/kg)
对照区	0 ~ 10	6.56	21.80	1.85	267.40	1.44	13.81	249.6
	10 ~ 20	6.58	11.59	1.08	136.50	1.18	7.32	211.85
弱度间伐区	0 ~ 10	6.52	38.89	2.39	323.40	1.39	18.13	189.99
	10 ~ 20	6.71	20.75	1.17	168.00	1.21	7.21	104.79
中度间伐区	0 ~ 10	6.63	38.00	2.27	312.20	1.47	23.54	200.66
	10 ~ 20	6.49	20.11	1.12	86.80	1.26	20.83	112.79
强度间伐区	0 ~ 10	6.51	28.85	1.88	212.10	1.49	19.54	166.51
	10 ~ 20	6.70	21.77	1.03	169.40	1.26	13.70	80.03

(1)有机质含量:各间伐强度均比对照区增加,间伐强度越大,有机质含量增加越少。

(2)速效 N 含量:弱度间伐区和中度间伐区比对照区有所增加,强度间伐区比对照区下降。

(3)速效 P 含量:各间伐区比对照区含量有不同程度增加,中度间伐区增加最多,弱度间伐区增加较少。

(4)速效 K 含量:各间伐强度下比对照区都有所下降,其中强度间伐区下降最多,弱度间伐区下降较少。

对各间伐强度下柞树林 0～20 cm 土壤有机质含量平均值作方差分析,结果表明,差异极显著,$F = 54.10$($F_{0.05(3,8)} = 4.07$,$F_{0.01(3,8)} = 7.59$)。说明抚育间伐对柞树林土壤化学性质作用明显。

对柞树林不同间伐强度下的土壤化学性质进行综合排序,从高到低顺序为:弱度间伐区(0.76)、中度间伐区(0.2)、强度间伐区(0.01)、对照区(-0.99)。

森林土壤养分的一个重要补充途径就是林地枯枝落叶层分解、转化,故在所研究的土壤养分调查指标中,表层土壤(0～10 cm)的养分含量均高于下层土壤(10～20 cm),说明随着凋落物的分解转化,大量养分聚集在土壤表层,再随着雨水的淋溶作用逐渐向下转移。而表层土壤的养分含量和枯枝落叶的凋落量也和微生物活动能力的强弱有直接关系,表现为对照区和弱度间伐区有机质的含量由于生物量大,凋落量大,养分情况往往好于间伐处理的林分(这部分研究在后面章节有详细介绍)。养分含量不仅和凋落量有关,还和凋落物的成分、组成有关,中度间伐区 K 的含量最高,可能与养分元素自身在植物体内的运动、分配有关。关于养分元素的运动与凋落规律,有待于进一步深入研究。

有机质、全 N、全 P 的含量随着间伐强度的不同表现出的规律性与速效养分的含量不尽相同。分析原因,主要是不同处理的林分中,林内环境条件发生改变,从而影响微生物分解。

从上述研究结果可以看出,不同树种间、不同林型间,土壤物理性质和化学性质随间伐强度的变化,规律不完全相同,这与不同林型凋落物组成、不同树种对养分的吸收、不同林分条件下微生物的数量和种类以及活动情况都有关系。相关研究仍有待于深入探讨。

6.3.3 土壤微生物特性

从表6-10可以看出,不同林型下土壤微生物特性并不相同。总体看,微生物种类大体相同,各间伐强度间差异较明显。杂木林土壤微生物数量高于柞树林,红松林土壤微生物最少。不同间伐强度间,大体以弱度间伐区土壤微生物数量最多,其次是对照区和中度间伐区,强度间伐区最少。

对各间伐强度下杂木林、红松林、柞树林土壤微生物总量作方差分析,结果表明,差异均极显著,$F_{杂} = 424.26$、$F_{红} = 430.65$、$F_{柞} = 420.05$($F_{0.05(3,8)} = 4.07$,$F_{0.01(3,8)} = 7.59$)。说明抚育间伐对各林型土壤微生物状况作用明显。

表 6-10　不同林型林分土壤微生物特性

林分类型	不同处理	微生物数量（个）	真菌（个）	细菌（个）	放线菌（个）
杂木林	对照区	5.47×10^8	16.81×10^7	3.67×10^8	11.88×10^6
	弱度间伐区	7.97×10^8	21.53×10^7	5.62×10^8	19.36×10^6
	中度间伐区	1.82×10^8	10.63×10^7	0.68×10^8	7.21×10^6
	强度间伐区	1.05×10^8	6.38×10^7	0.37×10^8	3.82×10^6
红松林	对照区	8.44×10^7	1.03×10^7	7.31×10^7	1.04×10^6
	弱度间伐区	1.32×10^8	4.66×10^7	7.92×10^7	5.78×10^6
	中度间伐区	4.19×10^7	0.58×10^7	3.55×10^7	0.58×10^6
	强度间伐区	8.27×10^6	0.14×10^7	0.68×10^7	0.07×10^6
柞树林	对照区	3.00×10^8	8.27×10^7	2.11×10^8	6.08×10^6
	弱度间伐区	4.22×10^8	11.64×10^7	2.93×10^8	12.91×10^6
	中度间伐区	1.52×10^8	4.59×10^7	1.02×10^8	4.06×10^6
	强度间伐区	1.81×10^7	1.14×10^7	0.06×10^8	0.72×10^6

6.3.4　土壤呼吸特性

6.3.4.1　不同林型林地 CO_2 释放通量的比较

对不同抚育措施下的各林型测定林地土壤 CO_2 释放通量,结果如表 6-11 所示。

表 6-11　不同林型林分林地 CO_2 释放通量比较

林分类型	不同处理	释放通量 (mg/m^2)	平均通量 $(mg/(m^2 \cdot h))$	最大通量 $(mg/(m^2 \cdot h))$	最小通量 $(mg/(m^2 \cdot h))$
杂木林	强度间伐区	30 408	$1\ 267 \pm 54$	$1\ 470.57 \pm 98$	$1\ 063.43 \pm 32$
	中度间伐区	28 416	$1\ 184 \pm 46$	$1\ 350.56 \pm 83$	$1\ 017.44 \pm 27$
	弱度间伐区	32 352	$1\ 348 \pm 43$	$1\ 526.22 \pm 69$	$1\ 169.78 \pm 38$
	对照区	31 224	$1\ 301 \pm 32$	$1\ 470.14 \pm 84$	$1\ 131.86 \pm 32$
红松林	强度间伐区	11 160	465 ± 22	531.54 ± 46	398.46 ± 57
	中度间伐区	11 280	470 ± 20	522.68 ± 35	417.32 ± 39
	弱度间伐区	11 808	492 ± 20	544.51 ± 48	439.49 ± 45
	对照区	11 712	488 ± 16	520.86 ± 32	455.14 ± 40
柞树林	强度间伐区	23 112	963 ± 48	$1\ 084.42 \pm 75$	841.58 ± 38
	中度间伐区	25 440	$1\ 060 \pm 43$	$1\ 188.33 \pm 72$	931.67 ± 46
	弱度间伐区	25 608	$1\ 067 \pm 40$	$1\ 189.78 \pm 79$	944.22 ± 42
	对照区	23 616	984 ± 41	$1\ 050.26 \pm 63$	917.74 ± 39

对各间伐强度下杂木林、红松林、柞树林土壤 CO_2 释放通量作方差分析,结果表明,差异均不显著,$F_{杂} = 2.91$、$F_{红} = 0.76$、$F_{柞} = 2.65$($F_{0.05(3,8)} = 4.07$,$F_{0.01(3,8)} = 7.59$)。说明抚育间伐对各林型土壤呼吸性质作用不明显。

对不同林型典型林分林地 CO_2 释放通量 24 h 观测结果表明,杂木林弱度间伐区的 CO_2 释放通量在所有 12 个林型中是最高的,红松林强度间伐区的 CO_2 释放通量在所有 12 个林型中最低。各林型昼夜通量值、最大值和平均值的排序是一致的,依次为杂木林、柞树林和红松林;各树种不同间伐强度内的排序大体遵循弱度间伐区 > 对照区 > 中度间伐区 > 强度间伐区。但各林型 CO_2 释放通量的最小通量的排序与此并不一致,显示各林型 CO_2 释放通量的波动幅度上并不一致。其中杂木林波动幅度最小,红松林的波动幅度最大。有研究认为不同树种和林型 CO_2 的释放通量无显著的差异(Fernandez,1993)。孙向阳等(2001)的研究也认为在年尺度范围内不同林龄林地之间的平均值无明显差异。本研究结果与之一致。

由于植被可以通过影响土壤微生物、土壤结构、土壤有机质的数量、质量以及根系呼吸速率来影响土壤呼吸速率，因此不同林型林地 CO_2 释放通量与林地覆盖植被的种类密切相关。12 种林型 CO_2 释放通量的差异表明，不同木本（森林）群落的土壤呼吸是有差别的，林地的土壤呼吸存在着较明显的空间异质性。在三个树种中，杂木林对 CO_2 释放的贡献率最大，而红松林最小。英国落叶阔叶林土壤 CO_2 释放通量为 432 192 mg/（m^2 · h）（Anderson, 1973），澳大利亚 *Pinus radiata* 林土壤 CO_2 释放通量夏季可达 890 mg/（m^2 · h）（Carlyle, 1988），本试验所得数据与英国落叶阔叶林较接近。

6.3.4.2 林地 CO_2 释放通量的日变化特点

从图 6-1 ~ 图 6-3 可以看出，12 种林型林地 CO_2 释放通量测定过程中大气温度的变化趋势基本一致，但 CO_2 释放通量的变化过程并不一致。

杂木林 CO_2 释放通量的昼间变化呈不很明显的峰状形态，并和大气温度变化一致性不强。红松林 CO_2 释放通量的昼间变化呈较明显的双峰曲线，且均出现在大气温度的高峰区。柞树林 CO_2 释放通量的昼间变化呈较明显的双峰曲线，第一个峰值出现在上午 10 时左右，第二个峰值出现在下午 15 时左右，在温度最高的中午 12 时到下午 2 时，所有林分内 CO_2 释放通量均没有出现峰值。

杂木林中 CO_2 释放通量的昼间变化似在一昼夜中出现 2 ~ 3 次 CO_2 释放高峰，分别出现在凌晨 5 时左右、上午 9 时到 11 时和下午 18 时左右，且各间伐强度内 CO_2 通量释放高峰出现的并不很一致，CO_2 释放通量也不相同，最高的为弱度间伐区，其次为中度间伐区和对照区，最小的为强度间伐区。高峰值出现的不一致大概与杂木林内由于树种组成较复杂，微生物对各树种形成的凋落物组分分解程度不一致、各组成不同的枯枝落叶层具有的微生物种类和数量也不尽相同有关。CO_2 释放通量随间伐强度的变化规律，与不同间伐强度下，枯枝落叶的数量、种类组成不同，以弱度间伐区为最高，且不同间伐区林分温度、空气通透性、湿度等众多影响微生物活性和数量的因素不同。关于凋落

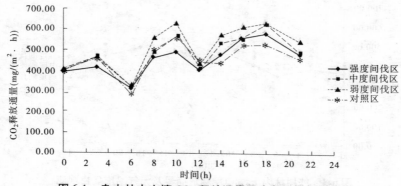

图 6-1　杂木林内土壤 CO_2 释放通量及大气温度昼夜观测

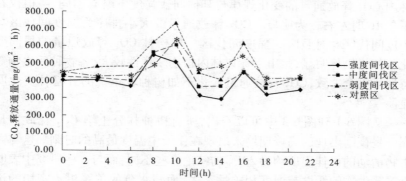

图 6-2　红松林内土壤 CO_2 释放通量及大气温度昼夜观测

物分解的机理,至今仍未有明确的理论,体现在土壤呼吸的差异,其机理有待于深入研究。

红松林 CO_2 释放通量的昼间变化呈较明显的双峰曲线,两个峰值分别出现在上午 9 时左右和下午 16 时左右。不同间伐强度间出现峰值的时间大致相同,CO_2 释放通量的大小排序为弱度间伐区 > 对照区 > 中度间伐区 > 强度间伐区。红松林 CO_2 释放通量的昼间变化较明显,与红松林内树种组成相对简单,且红松为绝对优势树种有关。

柞树林 CO_2 释放通量的昼间变化呈不很明显的双峰曲线,两个峰值分别出现在上午 10 时左右和下午 17 时左右,且下午出现的峰值更为明显。不同间伐强度间出现峰值的时间大致相同,强度间伐区柞树

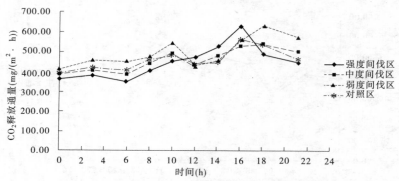

图 6-3　柞树林内土壤 CO_2 释放通量及大气温度昼夜观测

林内 CO_2 释放通量的变化规律与其他间伐强度下略有不同,峰值仅在下午 16 时左右较为明显。CO_2 释放通量的大小排序为弱度间伐区 > 中度间伐区 > 对照区 > 强度间伐区。柞松林 CO_2 释放通量的昼间变化不如红松林明显,是由于柞树林内植物多样性较大,各物种间生物等特性不完全一致,CO_2 释放通量变化不如树种较单一的红松林变化明显。

从图 6-1 到图 6-3 中可以看出,所有树种林分土壤 CO_2 释放通量在一昼夜间出现的高峰期均未出现在一天中温度最高的时刻。这与微生物活动的最佳温度约为 25 ℃ 的结论有些不同,而与一些研究中表明土壤微生物的活性与温度相关性不大,而与水分的关系更为密切的论断有些相近(蒋高明,1997)。

6.3.5　枯枝落叶与土壤性质的关联分析

6.3.5.1　杂木林凋落物性质与土壤肥力状况的关联分析

经灰色关联分析,计算凋落物性质与土壤容重,关联系数为:

1	0.887	0.795	0.788
1	0.749	0.333	0.387
1	0.925	0.891	0.873
1	0.957	0.755	0.795
1	0.964	0.887	0.432
1	0.756	0.936	0.360

灰色关联度为：

0.867　　0.617　　0.922　　0.877　　0.821　　0.763

同样方法求得凋落物性质与有机质含量灰色关联度为：

0.853　　0.628　　0.960　　0.834　　0.775　　0.728

凋落物性质与 CO_2 释放通量灰色关联度为：

0.873　　0.624　　0.968　　0.847　　0.781　　0.722

凋落物性质与微生物数量灰色关联度为：

0.697　　0.779　　0.653　　0.639　　0.612　　0.765

则杂木林内凋落物性质与土壤性状的关联度情况见图 6-4。

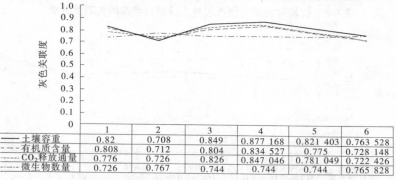

	1	2	3	4	5	6
土壤容重	0.82	0.708	0.849	0.877 168	0.821 403	0.763 528
有机质含量	0.808	0.712	0.804	0.834 527	0.775	0.728 148
CO_2 释放通量	0.776	0.726	0.826	0.847 046	0.781 049	0.722 426
微生物数量	0.726	0.767	0.744	0.744	0.744	0.765 828

图 6-4　杂木林内凋落物性质与土壤性状的关联度分析

6.3.5.2　红松林凋落物性质与土壤肥力状况的关联分析

相同方法求得红松林内凋落物性质与土壤肥力状况的关的联度情况见图 6-5。

6.3.5.3　柞树林凋落物性质与土壤肥力状况的关联分析

柞树林凋落物性质与土壤肥力状况的关联度情况见图 6-6。

6.3.5.4　综合考虑各林型的凋落物性质与土壤肥力状况的关联分析

综合考虑各林型的凋落物性质与土壤肥力状况的关联度情况见图 6-7。

从图 6-4～图 6-7 可以看出，所有林型土壤性质与林地凋落物关联度均较高，呈现出很好的相关性。表明森林凋落物是影响土壤性质的重要因素。因此，对森林凋落物的深入研究，可进一步揭示森林对土壤的作用机理。

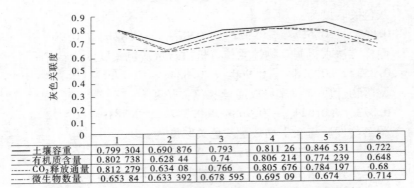

	1	2	3	4	5	6
—— 土壤容重	0.799 304	0.690 876	0.793	0.811 26	0.846 531	0.722
- - 有机质含量	0.802 738	0.628 44	0.74	0.806 214	0.774 239	0.648
…… CO_2释放通量	0.812 279	0.634 08	0.766	0.805 676	0.784 197	0.68
-·- 微生物数量	0.653 84	0.633 392	0.678 595	0.695 09	0.674	0.714

图 6-5　红松林内凋落物性质与土壤肥力状况的关联度分析

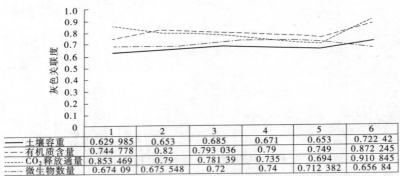

	1	2	3	4	5	6
—— 土壤容重	0.629 985	0.653	0.685	0.671	0.653	0.722 42
- - 有机质含量	0.744 778	0.82	0.793 036	0.79	0.749	0.872 245
…… CO_2释放通量	0.853 469	0.79	0.781 39	0.735	0.694	0.910 845
-·- 微生物数量	0.674 09	0.675 548	0.72	0.74	0.712 382	0.656 84

图 6-6　柞树林内凋落物性质与土壤肥力状况的关联度分析

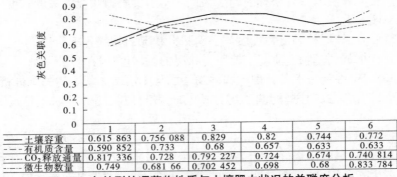

	1	2	3	4	5	6
—— 土壤容重	0.615 863	0.756 088	0.829	0.82	0.744	0.772
- - 有机质含量	0.590 852	0.733	0.68	0.657	0.633	0.633
…… CO_2释放通量	0.817 336	0.728	0.792 227	0.724	0.674	0.740 814
-·- 微生物数量	0.749	0.681 66	0.702 452	0.698	0.68	0.833 784

图 6-7　各林型的凋落物性质与土壤肥力状况的关联度分析

6.4　结论与讨论

　　凋落物对森林土壤的作用效果意义深远。由于土壤性质较复杂，抚育间伐后森林对土壤性质作用程度也表现得不很一致。

　　(1)从土壤物理性质看，对针叶树种进行间伐强度较大的抚育措施后，森林的物理性质明显改善；而过大的间伐强度并不适合阔叶树种。其原因可能是针叶林内树种较单一，强度较大的抚育间伐后，有利于增加单株林木生长空间，根系生长较好；而阔叶林内树种相对丰富，间伐强度大，可能导致下木生长过快，对主要树种竞争强烈，反而不利于土壤物理性质的改良。

　　(2)土壤化学性质规律性较强，表现为抚育间伐后较对照均有所提高。这主要是由于抚育后，林地内生长周期短的生物量增多，对土壤尤其表层土壤养分是很好的补充。

　　(3)土壤微生物特性表现为杂木林高于柞树林，均高于红松林。弱度间伐有利于微生物数量增加。

　　(4)不同间伐强度下林分的土壤呼吸特性是土壤微生物活动状况的指标。从分析结果看似乎不完全一致，这大概因为试验所测得的土壤呼吸 CO_2 值既包括微生物呼吸释放的 CO_2，还包括林分根系的呼吸、土壤动物的呼吸等，这些因素对结果都有影响。

　　通过不同抚育措施下各林型凋落物特性与土壤状况的关联分析，可以看出，土壤性状与凋落物性质呈显著相关，表明枯枝落叶状况的不同导致土壤性质的改变，而通过对森林进行抚育间伐，可以进行有效调控。

第 7 章　不同抚育措施下各林型作用效果的综合评价

7.1　引言

　　森林是一个由生物和非生物所组成的复杂的综合体(李宝林等,1995),其作用效果是森林众多指标的综合体现,是多因素的耦合(姜志林,1992)。而森林中各种因子对森林作用效果的影响力是存在差异的(孙晓霞等,2006)。在林分范围内具体的抚育间伐试验中,对其生态效益的研究不可能做到全面兼顾,只能择其重点进行研究,具体的评价指标表现为以下 4 个方面:①林分群落结构。群落外貌及其结构特征在一定程度上可以反映林分的稳定性,抚育间伐是根据经营目的人为地伐掉生长不良的林木、改善林木生长条件,是调控林分密度最普遍、有效的方法,这方面的研究一直为林学界所关注。②林下植被多样性。运用科学的研究方法确定合理的抚育间伐,协调好生物多样性与林分生长的关系,提高林分的生态效益,是另一值得研究的课题。③林分生产力。林分生物量和生产力是森林生态系统物质循环的基础。间伐作为森林经营的主要措施,是影响森林生物量与生产力的主要因素,对研究林分生物量、评价林分生产力、提高营林水平及综合利用其产品都有重要意义。④土壤肥力。土壤是森林生态系统所有自然价值的基础,在所有影响植物生产力的自然因子中,土壤是最容易通过管理而得以改善的因子。因此,通过适宜的经营措施和土壤管理,使林分郁闭前养分的损失量降至最低是防止地力衰退的一个有效途径。抚育间伐的主要目的就是为保留木创造良好的生长条件,从而增加其产量。在现阶段的研究中,抚育间伐的直接经济效益主要表现为其产业效益,即直接的林木生产效益。抚育间伐可以在主伐前以间伐木的形式获得一部分木材,这从经济角度来讲具有双重意义。间伐对保留木生长的影响包括对个体生长的影响和对群体生长的影响两部分:对个体生长的影响,包括抚育间伐对其高生长、径生长、林木单株材积生长量以及干形材质的影响;对群体生长的影响研究主要是抚育间伐对林分总蓄积量(收获量)的影响。森林生态效益和社会效益的货币价值转换是一个复杂的系统工程,如涵养水源、土壤保持、净化环境、防风固沙价值以及森林的科学、文化等价值,不同的指标需用不同的方法进行价值评价。

利用现有的指标对森林的作用效果进行综合评价是合理地利用森林资源,充分发挥森林的生态效应的基础。灰色系统理论是以分析和确定因素间的相互影响程度或因子对主行为的贡献程度而进行评估的一种分析方法,根据因素之间的相似或相异程度来衡量因素间接近的程度(傅立,1992)。灰色关联分析的应用与评价,解决了众多因子作用的评价排序问题,它不同于过去的多因子均衡分析和协调分析的数学归纳方法,将不同森林类型不同评价指标诸多特性的综合优势进行排序和定量分析,具有简便、直观、有效的特点(蒋文伟等,2002)。应用 Excel 软件和 SPSS 软件,对不同强度抚育间伐下各林型生态作用进行综合评价和排序。

7.2　研究方法

关联度分析是根据数列的可比性、可近性分析系统内部因素之间的相关程度,定量地刻画系统内部结构之间的联系,对系统内部各事物之间状态进行量化比较分析(张延欣等,1996;郭瑞林,1995;吴效生等,1999)。对森林作用效果进行综合评价时(何全发等,2007),以各林型的指标的最优值为参考列,记为 $\{x_0(k)\}$,$k=1,2,3,\cdots,n$;各林型土壤理化性质及植物生态系统功能等评价指标为比较列,记为 $\{x_i(k)\}$,$k=1,2,3,\cdots,m$。由于 $\{x_i(k)\}$ 中的元素是根据各指标的性质和特点给出的科学的定性或定量的预测值,而 $\{x_0(k)\}$ 中的元素是对各指标影响预测值中的最优值。因此,分析系统内部各指标因素优劣程度用 $\{x_i(k)\}$ 与 $\{x_0(k)\}$ 的关联度来衡量(郭亚军,1996;慕平等,2004)。

对数据采用 SPSS、Excel（2000）以及灰色关联度分析软件进行处理。

7.3　结果与分析

7.3.1　杂木林作用效果综合评价

根据不同因子对森林作用效果的差异性,选取生物量、胸径定期生长量、木本植物生物多样性、草本植物多样性、年凋落量、凋落物贮量、枯枝落叶分解半衰期、枯枝落叶养分归还量、土壤容重、有机质含量、微生物数量作为综合评价森林作用效果的指标,并以各指标表现的最优值作为标准数列,构建原始数列矩阵,并对其进行无量纲标准化,数值为各指标值比最优值。结果见表 7-1。

表 7-1　杂木林指标标准化数据

不同处理	生物量	直径	木本植物生物多样性	草本植物多样性	年凋落量	凋落物贮量	半衰期	养分归还能力	土壤容重	有机质含量	微生物数量
标准数列	1.00	1.00	1.00	1.00	1.00	1.00	1.00	1.00	1.00	1.00	1.00
对照区	0.54	0.46	0.85	0.80	0.87	0.82	0.63	0.80	0.87	0.79	0.69
弱度间伐区	0.50	0.53	1.00	0.82	1.00	0.74	0.67	0.94	0.80	1.00
中度间伐区	0.66	0.45	0.92	0.77	0.78	0.70	0.69	0.80	0.89	0.74	0.23
强度间伐区	0.57	0.37	0.84	1.00	0.68	0.79	1.00	0.78	0.79	0.75	0.13

利用灰色关联度分析软件计算各个处理对标准数列的关联系数及等权关联度,结果见表 7-2。

表 7-2　杂木林指标间关联系数

不同处理	生物量	直径	木本植物生物多样性	草本植物多样性	年凋落量	凋落物贮量	半衰期	养分归还能力	土壤容重	有机质含量	微生物数量
对照区	0.53	0.33	0.33	0.49	0.79	0.73	0.65	0.55	0.82	0.33	0.82
弱度间伐区	0.50	0.33	0.33	0.52	0.97	0.33	0.47	0.83	0.33	0.33	0.75
中度间伐区	0.62	0.33	0.33	0.49	0.94	0.72	0.62	0.68	0.74	0.66	0.70
强度间伐区	0.55	0.33	0.33	0.45	0.80	0.33	0.77	0.56	0.33	0.33	0.63

根据公式 $r_i = \dfrac{1}{n} \sum \zeta(k)$，$r_j = \dfrac{r_i}{\sum r_i}$，计算杂木林各指标的权重系数，分别为 0.067，0.041，0.041，0.059，0.107，0.065，0.673，0.562，0.068，0.070，0.088。

通过对生物量等 11 个指标的综合评价，结果显示了杂木林不同程度的间伐处理下的林型的作用效果是有所差异的。由表 7-3 可知，等权关联序和加权关联序是一致的。由等权关联度和加权关联度可知，杂木林作用效果最好的是弱度间伐区，其次为中度间伐区和对照区，强度间伐区作用效果最小。

表 7-3　杂木林作用效果关联度评价及排序

不同处理	等权关联度	排序	加权关联度	排序
对照区	0.54	3	0.60	3
弱度间伐区	0.66	1	0.72	1
中度间伐区	0.66	2	0.71	2
强度间伐区	0.48	4	0.54	4

7.3.2 红松林作用效果综合评价

根据不同因子对森林作用效果的差异性,选取生物量、直径、木本植物生物多样性、草本植物多样性、年凋落量、凋落物贮量、枯枝落叶分解半衰期、枯枝落叶养分归还量、土壤容重、有机质含量、微生物数量作为综合评价森林作用效果的指标,并以各指标表现的最优值作为标准数列,构建原始数列矩阵,并对其进行无量纲标准化,方法为各指标值比最优值。结果见表7-4。

表7-4 红松林指标标准化数据

不同处理	生物量	直径	木本植物生物多样性	草本植物多样性	年凋落量	凋落物贮量	半衰期	养分归还能力	土壤容重	有机质含量	微生物数量
标准数列	1.00	1.00	1.00	1.00	1.00	1.00	1.00	1.00	1.00	1.00	1.00
对照区	0.19	0.60	0.31	0.41	0.20	0.58	0.75	0.70	0.87	0.79	0.11
弱度间伐区	0.20	0.77	0.46	0.57	0.22	0.76	0.67	0.99	0.86	0.80	0.17
中度间伐区	0.22	1.00	0.59	0.79	0.20	0.83	0.83	0.83	1.00	0.74	0.05
强度间伐区	0.27	0.63	0.31	0.80	0.26	0.94	1.00	1.00	0.80	0.75	0.01

利用灰色关联度分析软件计算各个处理对标准数列的关联系数及等权关联度,结果见表7-5。

根据公式 $r_i = \dfrac{1}{n}\sum \zeta(k)$,$r_j = \dfrac{r_i}{\sum r_i}$,计算红松林各指标的权重系数,分别为 0.053,0.046,0.046,0.063,0.054,0.065,0.053,0.057,0.051,0.095,0.067。

表 7-5 红松林指标间关联系数

不同处理	生物量	直径	木本植物生物多样性	草本植物多样性	年凋落量	凋落物贮量	半衰期	养分归还能力	土壤容重	有机质含量	微生物数量
对照区	0.38	0.33	0.33	0.57	0.42	0.47	0.53	0.32	0.39	0.56	0.74
弱度间伐区	0.33	0.33	0.33	0.33	0.38	0.33	0.46	0.37	0.33	0.69	0.48
中度间伐区	0.39	0.33	0.33	0.33	0.42	0.33	0.58	0.27	0.33	0.55	0.39
强度间伐区	0.41	0.33	0.33	0.59	0.42	0.74	0.32	0.44	0.41	0.94	0.33

通过对生物量等 11 个指标的综合评价,结果显示了红松林不同程度的间伐处理下的林型的作用效果是有所差异的。由表 7-6 可知,等权关联序和加权关联序是一致的。由等权关联度和加权关联度可知,红松林作用效果最好的是中度间伐区,其次分别为强度间伐区和对照区,最小的为弱度间伐区。

表 7-6 红松林作用效果关联度评价及排序

不同处理	等权关联度	排序	加权关联度	排序
对照区	0.51	3	0.57	3
弱度间伐区	0.46	4	0.52	4
中度间伐区	0.55	1	0.61	1
强度间伐区	0.53	2	0.60	2

7.3.3 柞树林作用效果综合评价

根据不同因子对森林作用效果的差异性,选取生物量、直径、木本植物生物多样性、草本植物多样性、年凋落量、凋落物贮量、枯枝落叶分解半衰期、枯枝落叶养分归还量、土壤容重、有机质含量、微生物数量作为综合评价森林作用效果的指标,并以各指标表现的最优值作为标准数列,构建原始数列矩阵,并对其进行无量纲标准化,方法为各指标值比最优值。结果见表7-7。

表 7-7 柞树林指标标准化数据

不同处理	生物量	直径	木本植物生物多样性	草本植物多样性	年凋落量	凋落物贮量	半衰期	养分归还能力	土壤容重	有机质含量	微生物数量
标准数列	1.00	1.00	1.00	1.00	1.00	1.00	1.00	1.00	1.00	1.00	1.00
对照区	0.75	0.52	0.80	0.68	0.17	0.98	0.69	0.95	1.00	1.00	0.38
弱度间伐区	0.64	0.53	0.76	0.71	0.20	1.00	0.74	0.95	0.80	0.97	0.53
中度间伐区	1.00	0.59	0.71	0.77	0.18	0.93	0.77	0.97	0.80	0.94	0.19
强度间伐区	0.72	0.49	0.86	0.81	0.22	0.92	1.00	1.00	0.77	0.82	0.02

利用灰色关联度分析软件计算各个处理对标准数列的关联系数及等权关联度,结果见表7-8。

表 7-8 柞树林指标间关联系数

不同处理	生物量	直径	木本植物生物多样性	草本植物多样性	年凋落量	凋落物贮量	半衰期	养分归还能力	土壤容重	有机质含量	微生物数量
对照区	0.73	0.33	0.33	0.54	0.79	0.65	0.64	0.36	0.38	0.89	0.33
弱度间伐区	0.61	0.33	0.33	0.53	0.71	0.33	0.72	0.41	0.66	0.39	0.33
中度间伐区	0.91	0.33	0.33	0.33	0.33	0.56	0.59	0.44	0.66	0.72	0.95
强度间伐区	0.68	0.33	0.33	0.51	0.33	0.85	0.60	0.37	0.78	0.39	0.73

根据公式 $r_i = \dfrac{1}{n}\sum \zeta(k)$，$r_j = \dfrac{r_i}{\sum r_i}$，计算柞树林各指标的权重系数，分别为 0.090,0.041,0.041,0.059,0.066,0.074,0.064,0.071,0.076,0.074,0.072。

通过对生物量等 11 个指标的综合评价,结果显示了柞树林不同程度的间伐处理下的林型的作用效果是有所差异的。由表 7-9 可知,等权关联序和加权关联序是一致的。由等权关联度和加权关联度可知,柞树林作用效果最好的是中度间伐区,其次为弱度间伐区和对照区,强度间伐区森林作用效果最差。

表 7-9　柞树林作用效果关联度评价及排序

不同处理	等权关联度	排序	加权关联度	排序
对照区	0.56	3	0.60	3
弱度间伐区	0.62	2	0.67	2
中度间伐区	0.64	1	0.69	1
强度间伐区	0.50	4	0.53	4

7.3.4　综合考虑下的作用效果综合评价

根据不同因子对森林作用效果的差异性,选取生物量、直径、木本植物生物多样性、草本植物多样性、年凋落量、凋落物贮量、枯枝落叶分解半衰期、枯枝落叶养分归还量、土壤容重、有机质含量、微生物数量作为综合评价森林作用效果的指标,并以各指标表现的最优值作为标准数列,构建原始数列矩阵,并对其进行无量纲标准化,方法为各指标值比最优值。结果见表 7-10。

利用灰色关联度分析软件计算各个处理对标准数列的关联系数及等权关联度,结果见表 7-11。

表 7-10　综合考虑下的指标标准化数据

林分类型	不同处理	生物量	直径	木本植物生物多样性	草本植物多样性	年凋落量	凋落物贮量	半衰期	养分归还能力	土壤容重	有机质含量	微生物数量
	标准数列	1.00	1.00	1.00	1.00	1.00	1.00	1.00	1.00	1.00	1.00	1.00
杂木林	对照区	0.54	0.46	0.85	0.80	0.87	0.82	0.98	0.97	0.87	0.79	0.69
	弱度间伐区	0.50	0.53	1.00	0.82	1.00	0.74	0.98	1.00	0.94	0.80	1.00
	中度间伐区	0.66	0.45	0.92	0.77	0.78	0.70	0.95	0.88	0.89	0.74	0.23
	强度间伐区	0.57	0.37	0.84	1.00	0.68	0.79	0.96	0.94	0.79	0.75	0.13
红松林	对照区	0.19	0.60	0.31	0.41	0.20	0.58	0.96	0.36	0.87	0.79	0.11
	弱度间伐区	0.20	0.77	0.46	0.57	0.22	0.76	1.00	0.36	0.86	0.80	0.17
	中度间伐区	0.22	1.00	0.59	0.79	0.20	0.83	1.00	0.35	1.00	0.74	0.05
	强度间伐区	0.27	0.63	0.31	0.80	0.26	0.94	0.97	0.34	0.80	0.75	0.01
柞树林	对照区	0.75	0.52	0.80	0.68	0.17	0.98	0.92	0.73	1.00	1.00	0.38
	弱度间伐区	0.64	0.53	0.76	0.71	0.20	1.00	0.95	0.79	0.80	0.97	0.53
	中度间伐区	1.00	0.59	0.71	0.77	0.18	0.93	0.95	0.79	0.80	0.94	0.19
	强度间伐区	0.72	0.49	0.86	0.81	0.22	0.92	0.94	0.71	0.77	0.82	0.02

表 7-11 综合考虑下的指标间关联系数

林分类型	不同处理	生物量	直径	木本植物多样性	草本植物多样性	年凋落量	凋落物贮量	半衰期	养分归还能力	土壤容重	有机质含量	微生物数量
杂木林	对照区	0.53	0.33	0.33	0.49	0.79	0.73	1.00	0.75	0.82	0.33	0.82
	弱度间伐区	0.50	0.33	0.33	0.52	0.97	0.33	1.00	0.33	0.33	0.33	0.75
	中度间伐区	0.62	0.33	0.33	0.49	0.94	0.72	1.00	0.89	0.74	0.66	0.70
	强度间伐区	0.55	0.33	0.33	0.45	0.80	0.33	1.00	0.33	0.33	0.33	0.63
红松林	对照区	0.38	0.33	0.33	0.57	0.42	0.47	1.00	0.84	0.39	0.56	0.74
	弱度间伐区	0.33	0.33	0.33	0.33	0.38	0.33	1.00	0.33	0.33	0.69	0.48
	中度间伐区	0.39	0.33	0.33	0.33	0.33	0.33	1.00	0.70	0.33	0.55	0.39
	强度间伐区	0.41	0.33	0.33	0.59	0.42	0.74	1.00	0.74	0.41	0.94	0.33
柞树林	对照区	0.73	0.33	0.33	0.54	0.79	0.65	1.00	0.86	0.38	0.89	0.33
	弱度间伐区	0.61	0.33	0.33	0.53	0.71	0.33	1.00	0.33	0.66	0.39	0.33
	中度间伐区	0.91	0.33	0.33	0.33	0.33	0.56	1.00	0.38	0.66	0.72	0.95
	强度间伐区	0.68	0.33	0.33	0.51	0.33	0.76	0.85	0.78	0.39	0.97	0.73

根据公式 $r_i = \dfrac{1}{n}\sum \zeta(k)$，$r_j = \dfrac{r_i}{\sum r_i}$，计算杂木林各指标的权重系数，分别为 0.071，0.042，0.042，0.060，0.077，0.068，0.127，0.079，0.066，0.072，0.076。从表 7-12 可见，综合评价结果为森林作用效果的综合排序为杂木林弱度间伐区 > 杂木林中度间伐区 > 杂木林对照区 > 杂木林强度间伐区；红松林中度间伐区 > 红松林强度间伐区 > 红松林对照区 > 红松林弱度间伐区；柞树林中度间伐区 > 柞树林弱度间伐区 > 柞树林对照区 > 柞树林强度间伐区。

对所有林型进行排序，从而衡量不同树种的森林作用效果，可以得出杂木林弱度间伐区 > 杂木林中度间伐区 > 柞树林中度间伐区 > 柞树林弱度间伐区 > 红松林中度间伐区 > 柞树林对照区 > 红松林强度间伐区 > 杂木林对照区 > 杂木林强度间伐区 > 柞树林强度间伐区 > 红松林对照区 > 红松林弱度间伐区。可见不同树种间森林作用效果为杂木林好于柞树林好于红松林。

表 7-12　综合考虑下的作用效果关联度评价及排序

林分类型	不同处理	等权关联度	排序	加权关联度	排序
杂木林	对照区	0.53	8	0.57	8
	弱度间伐区	0.66	1	0.70	1
	中度间伐区	0.66	2	0.70	2
	强度间伐区	0.51	9	0.55	9
红松林	对照区	0.48	11	0.52	11
	弱度间伐区	0.46	12	0.50	12
	中度间伐区	0.56	5	0.60	5
	强度间伐区	0.54	7	0.58	7
柞树林	对照区	0.55	6	0.59	6
	弱度间伐区	0.62	4	0.66	4
	中度间伐区	0.64	3	0.68	3
	强度间伐区	0.50	10	0.53	10

7.4　结论与讨论

通过对生物量等 11 个指标的综合评价,结果显示了综合考虑下的不同林型不同程度的间伐处理下的作用效果是有所差异的。由上述研究结果可知,等权关联序和加权关联序结果一致,各种林型不同间伐程度下作用效果排在前列的基本是杂木林和柞树林,即阔叶林尤其是阔叶混交林的作用效果要优于针叶林。且分析表 7-12 可以看出,杂木林和柞树林均以弱度间伐区和中度间伐区森林作用效果较好,而红松林以中度间伐区和强度间伐区森林作用效果较好。表明对阔叶树种进行中度以下间伐强度较小的抚育措施对提高林分作用效果较好;而对红松等针叶树种,进行中度以上间伐强度稍大的抚育措施对提高林分作用效果较有利。

可见,进行适宜强度的抚育间伐能够促进森林更好地发挥其生态作用。

第8章 结 论

8.1 抚育措施对各林型林木生长状况及生物量的作用

林木的生长状况从 6 个指标进行描述。①叶面积指数:杂木林在不同间伐强度下的叶面积指数为弱度间伐区 > 对照区 > 强度间伐区 > 中度间伐区;红松林叶面积指数为弱度间伐区 > 中度间伐区 > 强度间伐区 > 对照区;柞树林不同间伐强度下的叶面积指数情况为中度间伐区 > 弱度间伐区 > 强度间伐区 > 对照区。红松林和柞树林三个间伐区较对照区都有不同程度的提高。方差分析结果显示,各抚育措施间叶面积指数差异不显著,故不作为抚育措施对林分森林作用效果影响的评价指标。②株数变化情况:杂木林间伐约 10 年后,林木株数呈下降趋势,下降幅度最大的是对照区,下降幅度最小的是强度间伐区和中度间伐区。间伐强度对柞树林株数影响的规律与杂木林较相似,间伐强度越大,自然稀疏死亡的林木株数越小。③林木胸径生长状况:杂木林内中度间伐区林木胸径增长较平稳,弱度间伐区在 1998～2001 年间生长似受到抑制,2001 年以后进入快速生长阶段;对照区在 1995～1998 年间生长迅速,到 1998 年后生长曲线呈平滑上升,生长速度较 1998 年前有所降低;强度间伐区生长速度在 1998 年后下降明显;整体看,间伐初期的 3 年内各试验区林木生长均较迅速。④单株材积:杂木林增长顺序从大到小依次为弱度间伐区 > 中度间伐区 > 对照区 > 强度间伐区;红松林材积生长为中度间伐区 > 弱度间伐区 > 强度间伐区 > 对照区;柞树林材积生长为中度间伐区 > 强度间伐区 > 弱度间伐区 > 对照区。⑤蓄积量:杂木林中弱度间伐区 > 中度间伐区 > 强度间伐区 > 对照区;红松林蓄积增长速度为中度间伐区 > 弱度间伐区 > 对照区 > 强度间伐区;柞树林蓄积生长为弱度间伐区 > 对照区 > 中度间伐区 > 强度间伐。⑥林下植物生物量:杂木林为中度间伐区 > 强度间伐区 > 对照区 > 弱度间伐区;柞树林为中度间伐区 > 对照区 > 强度间伐区 > 弱度间伐区。

本研究结果表明,抚育措施对不同林型林木生长的作用,基本遵循间伐能够促进植物生长,促进生物量的增加规律。

8.2 抚育措施对各林型生物多样性的作用

不同间伐强度的抚育措施对林型生物多样性状况不完全相同。①植物多度:杂木林为对照区 > 强度间伐区 > 弱度间伐区 > 中度间伐区;红松林冠下多度为强度间伐区 > 中度间伐区 > 弱度间伐区 > 对照区,随着间伐强度的增大而增大;柞树林冠下植被多度为强度间伐区 > 对照区 > 中度间伐区 > 弱度间伐区。②植物多样性:杂木林木本植物多样性为弱度间伐区 > 中度间伐区 > 对照区 > 强度间伐区;红松林下木本植物多样性分析中度间伐区 > 弱度间伐区 > 对照区 > 强度间伐区;柞树林为强度间伐区 > 对照区 > 弱度间伐区 > 中度间伐区。草本植物多样性为杂木林下强度间伐区 > 中度间伐区 > 对照区 > 弱度间伐区;红松林下为强度间伐区 > 中度间伐区 > 弱度间伐区 > 对照区;柞树林下为强度间伐区 > 中度间伐区 > 弱度间伐区 > 对照区。

可见,不同间伐强度对森林多样性具有显著的影响,中度和弱度间伐较利于生物多样性的增大。

8.3 抚育措施对各林型枯枝落叶性质的作用

不同间伐强度对各林型枯枝落叶作用效果因选取的指标不同,规律不完全相同。①年凋落量:杂木林为弱度间伐区 > 对照区 > 中度间伐区 > 强度间伐区;红松林为弱度间伐区 > 强度间伐区 > 中度间伐区 > 对照区;柞树林为弱度间伐区 > 强度间伐区 > 中度间伐区 > 对照区。②林分枯枝落叶贮量及转化规律:各林型内贮量均以枯叶为主。

杂木林内为弱度间伐区＞对照区＞中度间伐区＞强度间伐区;红松林内为弱度间伐区＞中度间伐区＞强度间伐区＞对照区;柞树林内为强度间伐区＞中度间伐区＞弱度间伐区＞对照区;且随着间伐强度的减小,分解转化率增大。方差分析结果显示,各抚育措施间分解转化率差异不显著,故不作为抚育措施对林分森林作用效果影响的评价指标。③凋落物的平均分解率:杂木林为中度间伐区＞弱度间伐区＞强度间伐区＞对照区;红松林为对照区＞强度间伐区＞弱度间伐区＞中度间伐区;柞树林为弱度间伐区＞强度间伐区＞对照区＞中度间伐区。④建立不同林型凋落物分解模型,确定不同抚育措施下各林型枯枝落叶分解的半衰期和完全分解所需的时间。杂木林强度间伐区凋落物半衰期为 3.12 年,完全分解需 13.32 年,中度间伐区两个数值分别为 2.15 年和 9.09 年,弱度间伐区分别为 2.09 年和 8.77 年,对照区分别为 1.97 年和 8.36 年;红松林凋落物分解半衰期以弱度间伐区最短,其次为对照区和中度间伐区,强度间伐区最长,完全分解弱度间伐区最短,需 12.88 年,其次为对照区和中度间伐区,强度间伐区最长,为 19.26 年,红松林凋落物达到完全分解平均需要 15.63 年;柞树林凋落物分解规律与杂木林较相近,分解半衰期和完全分解所需的时间与杂木林较相近,半衰期较杂木林长约 0.11 年。完全分解的时间长约 0.48 年。⑤凋落物养分归还能力:杂木林凋落物(除全 K 的含量为弱度间伐区)N、P、K 的养分归还量均以弱度间伐区为最多,N 归还量为弱度间伐区＞对照区＞中度间伐区＞强度间伐区,P 归还量为弱度间伐区＞强度间伐区＞中度间伐区＞对照区,K 归还量为弱度间伐区＞中度间伐区＞对照区＞强度间伐区;红松林凋落物(除全 K 的含量为弱度间伐区＞强度间伐区外)N、P 的养分归还量以强度间伐区最大,其余依次为弱度间伐区、中度间伐区和对照区;柞树林凋落物除了全 N 的含量为对照区＞弱度间伐区外,每年归还的养分中均是以强度间伐区最大,其余依次为中度间伐区、弱度间伐区和对照区。

　　不同林型间枯枝落叶性质差异较大,主要表现为各林型间年凋落量和枯枝落叶贮量均为中度和弱度间伐强度较好,而枯枝落叶的分解速度随着间伐强度的增大而减小。不同林型间养分归还能力的差异显著。杂木林和柞树林以阔叶树为主的林型中,枯枝落叶养分含量较针叶树高,养分归还能力较针叶树高,杂木林中养分多积累在叶片中。针叶树凋落物中的 K 元素,在枝和叶中的比例相差不多,这也是针叶树和阔叶树对养分分配不同所致。

8.4　抚育措施对各林型土壤性质的作用

凋落物对森林土壤的作用体现在各个方面。①土壤物理性质:各间伐强度下红松林土壤物理性质的综合指标,从高到低顺序为强度间伐区 > 中度间伐区 > 对照区 > 弱度间伐区;杂木林为中度间伐区 > 强度间伐区 > 弱度间伐区 > 对照区;柞树林为对照区 > 弱度间伐区 > 中度间伐区 > 强度间伐区。②土壤化学性质:红松林综合指标从高到低顺序为弱度间伐区 > 中度间伐区 > 强度间伐区 > 对照区;柞树林为弱度间伐区 > 中度间伐区 > 强度间伐区 > 对照区;杂木林为弱度间伐区 > 中度间伐区 > 强度间伐区 > 对照区。③不同间伐强度下林分的土壤微生物特性:杂木林土壤微生物数量高于柞树林,红松林土壤微生物最少。不同间伐强度间,大体以弱度间伐区土壤微生物数量最多,其次是对照区和中度间伐区,强度间伐区最少。④不同间伐强度下林分的土壤呼吸特性:杂木林弱度间伐区的 CO_2 释放通量最高,红松林强度间伐区的 CO_2 释放通量最低,各林型昼夜通量值、最大值和平均值的排序为杂木林 > 柞树林 > 红松林;各树种不同间伐强度间为弱度间伐区 > 对照区 > 中度间伐区 > 强度间伐区。林地 CO_2 释放通量的日变化特点:杂木林 CO_2 释放通量的昼间变化呈不很明显的峰状形态,红松林 CO_2 释放通量的昼间变化呈较明显的双峰曲线,柞树林 CO_2 释放通量的昼间变化呈较明显的双峰曲线。方差分析结果显示,各抚育措施间 CO_2 释放通量差异不显著,故不作为抚育措施对林分森林作用效果影响的评价指标。

通过研究不同抚育措施下各林型凋落物特性与土壤状况的关联分析,可以看出,土壤性状与凋落物性质呈显著相关,表明枯枝落叶状况的不同导致土壤性质的改变,可以通过对森林进行抚育间伐进行有效调控。

综合以上研究结果,不同间伐措施对各林型土壤肥力的作用效果不尽相同,抚育间伐能够改变土壤养分状况,弱度间伐区和中度间伐区土壤理化性质、微生物状况较佳。

8.5　不同抚育措施下各林型作用效果的综合评价

根据不同因子对森林作用效果的差异性,选取生物量、胸径定期生长量、木本植物生物多样性、草本植物多样性、年凋落量、凋落物贮量、枯枝落叶分解半衰期、枯枝落叶养分归还量、土壤容重、有机质含量、微生物数量作为综合评价森林作用效果的指标,进行综合排序。综合评价结果为森林作用效果的综合排序为:杂木林弱度间伐区 > 中度间伐区 > 对照区 > 强度间伐区;红松林中度间伐区 > 强度间伐区 > 对照区 > 弱度间伐区;柞树林中度间伐区 > 弱度间伐区 > 对照区 > 强度间伐区。

对所有林型进行排序,从而衡量不同树种的森林作用效果,可以得出杂木林弱度间伐区 > 杂木林中度间伐区 > 柞树林中度间伐区 > 柞树林弱度间伐区 > 红松林中度间伐区 > 柞树林对照区 > 红松林强度间伐区 > 杂木林对照区 > 杂木林强度间伐区 > 柞树林强度间伐区 > 红松林对照区 > 红松林弱度间伐区。可见,不同树种间,森林作用效果为杂木林优于柞树林优于红松林。

不同抚育措施间,杂木林和柞树林均以弱度间伐区和中度间伐区森林作用效果较高,而红松林以中度间伐区和强度间伐区森林作用效果较高。表明对阔叶树种进行中度以下间伐强度较小的抚育措施对提高林分作用效果较好;而对红松等针叶树种,进行中度以上间伐强度稍大的抚育措施对提高林分作用效果较有利。

参 考 文 献

［1］安树青.生态学词典［M］.哈尔滨:东北林业大学出版社,1994.

［2］安长生.抚育间伐对小陇山林区日本落叶松人工林生长的影响［J］.甘肃科技,2009,25(8):153-156.

［3］曹富强,刘朝晖,刘敏,等.森林凋落物及其分解过程的研究进展［J］.广西农业科学,2010,41(7):693-697.

［4］陈光升,胡庭兴,黄立华,等.华西雨屏区人工林凋落物及表层土壤的水源涵养功能研究［J］.水土保持学报,2008,22(1):159-162.

［5］程良爽,宫渊波,关灵,等.山地森林一干旱河谷交错带不同植被枯落物水文效益研究［J］.中国水土保持,2009,12:36-39.

［6］迟德霞.辽东山区几种林型抚育间伐效果研究［D］.沈阳:沈阳农业大学硕士论文,2006.

［7］代力民,徐振邦,张扬建,等.松针叶的凋落及其分解速率研究［J］.生态学报,2001,221(8):1296-1300.

［8］丁宝永.兴安落叶松人工林营养元素的分析［J］.生态学报,1989,9(1):71-76.

［9］丁磊,谭学仁,亢新刚,等.辽东山区生态公益林抚育间伐效果［J］.东北林业大学学报,2010,38(1):37-58.

［10］段劼,马履一,贾忠奎.抚育强度对侧柏人工林林下植物生长的影响［J］.西北林学院学报,2010,25(5):128-135.

［11］杜春艳,曾光明,张龚.韶山针阔叶混交林凋落物层的淋溶及缓冲作用［J］.生态学报,2008,28(2):508-517.

［12］杜纪山,唐守正.抚育间伐对林分生长的效应及其模型研究［J］.北京林业大学学报,1996,18(1):79-83.

［13］费鹏飞.森林凋落物对林地土壤肥力的影响［J］.安徽农学通报,2009,15(13):55-56.

［14］傅立.灰色系统理论及其应用［M］.北京:科学技术文献出版社,1992.

［15］傅校平.杉木人工林不同间伐强度对林分生物量的影响［J］.福建林业科技,2000,27(2):41-43.

[16] 耿玉清,孙向阳,亢新刚,等.长白山林区不同森林类型下土壤肥力状况的研究[J].北京林业大学学报,1999,21(6):97-101.

[17] 郭瑞林.作物灰色育种学[M].北京:中国农业科技出版社,1995.

[18] 郭伟,张健,黄玉梅,等.森林凋落物影响因子研究进展[J].安徽农业科学,2009,37(4):1544-1546.

[19] 郭亚军.多属性综合评价[M].沈阳:东北大学出版社,1996.

[20] 何美成.加拿大 BC 省森林生长与收获调查[J].世界林业研究,1991,4(2):50-56.

[21] 何全发,王占军,蒋齐,等.干旱风沙区人工柠条林对退化沙地改良效果的关联度分析与综合评价[J].水土保持研究,2007,14(1):234-236.

[22] 胡肆慧.两种中国特有树种的枯叶分解率[J].植物学报,1986,10(1).

[23] 黄承才,葛滢,常杰,等.中亚热带东部三种主要木本群落土壤呼吸的研究[J].生态学报,1999,19(3):324-328.

[24] 黄建辉,陈灵芝,韩兴国.几种常微量元素在辽东栎枝条分解过程中的变化特征[J].生态学报,2000,20(2):229-234.

[25] 黄建辉,陈灵芝.辽东栎枝条分解过程中几种主要营养元素的变化[J].植物生态学报,1998,22(5):398-402.

[26] 黄锦学,黄李梅,林智超,等.中国森林凋落物分解速率影响因素分析[J].亚热带资源与环境学报,2010,5(3):56-63.

[27] 贾云,陈忠东.混牧林牧草群落利用及动态分析[J].东北林业大学学报,2001,29(1):48-52.

[28] 姜志林.森林生态学(五):森林生态系统蓄水保土的功能[J].生态学杂志,1984,3(6):124-132.

[29] 蒋高明,黄银晓.北京山区辽东栎林土壤释放 CO_2 的模拟试验研究[J].生态学报,1997,17(5):477-482.

[30] 蒋敏元.森林资源经济学[M].哈尔滨:东北林业大学出版社,1991.

[31] 蒋文伟,俞益武,姜培坤.湖州主要森林类型土壤肥力的灰色关联度分析与评价[J].生态学杂志,2002,21(4):18-21.

[32] 蒋延玲,周广胜,赵敏,等.长白山阔叶红松林生态系统土壤呼吸作用研究[J].植物生态学报,2005,29(3):411-414.

[33] 蒋有绪.国际森林可持续经营的标准与指标体系研制的进展[J].世界林业研究,1997,10(2):9-14.

[34] 姜志林.下蜀森林生态系统定位研究论文集[M].北京:中国林业出版社,

1992.

[35] 雷相东,陆元昌,张会儒,等.抚育间伐对落叶松云冷杉混交林的影响[J].林业科学,2005,41(14):78-85.

[36] 景芸,陆江妹,肖火盛.不同迹地处理措施对复茬马尾松林生长的影响[J].林业科技开发,2004(1):24-26.

[37] 李宝林,李香兰.黄土高原林区土壤肥力综合评价排序方法探讨[J].水土保持学报,1995,9(1):64-70.

[38] 李春明,杜纪山,张会儒.抚育间伐对森林生长的影响及其模型研究[J].林业科学研究,2003,16(5):636-641.

[39] 李春明,杜纪山,张会儒.抚育间伐对人工落叶松断面积和蓄积生长的影响[J].林业资源管理,2007(3):90-93.

[40] 李贵祥,孟广涛,方向京,等.抚育间伐对云南松纯林结构及物种多样性的影响研究[J].西北林学院学报,2007,22(5):164-167.

[41] 李景文,石福臣.天然枫桦红松林凋落物量动态及养分归还量[J].植物生态与植物学学报,1989,13(1):42-48.

[42] 李凌浩,王其兵,白永飞,等.锡林河流域羊草草原群落土壤呼吸及其影响因子的研究[J].植物生态学报,2000,24(6):680-686.

[43] 李双喜,朱建军,张银龙,等.人工马褂木林下草本植物物种多样性与林分郁闭度的关系[J].生态与农村环境学报,2009,25(2):20-24.

[44] 李叙勇,孙继坤,常直海,等.天山森林凋落物和枯枝落叶层的研究[J].土壤学报,1997,34(4):406-417.

[45] 李雪峰,韩士杰,李玉文,等.东北地区主要森林生态系统凋落量的比较[J].应用生态学报,2005,16(5):783-788.

[46] 李雪峰,韩士杰,张岩.降水量变化对蒙古栎落叶分解过程的间接影响[J].应用生态学报,2007,18(2):261-266.

[47] 李耀翔.间伐对兴安落叶松人工林林分结构的影响[J].东北林业大学学报,2000,28(1):16-18.

[48] 李玉萍,邢静平,吴东红.森林凋落物和绿化废弃物利用研究[J].中国园艺文摘,2009,25(8):168.

[49] 李志辉.湘南地区马尾松人工林间伐效果的分析研究[J].中南林业科技大学学报,2010,30(4):1-6.

[50] 廖利平,杨跃军.杉木、火力楠纯林及其混交林细根分布—分解与养分归还[J].生态学报,1999,19(3):342-346.

[51] 林波,刘庆,吴彦,等.川西亚高山针叶林凋落物对土壤理化性质的影响[J].
应用与环境生物学报,2003,9(4):346-351.

[52] 林海明,张文霖.主成分分析与因子分析的异同和 SPSS 软件[J].统计研究,
2005(3):65-68.

[53] 林丽莎,韩士杰,王跃思,等.长白山四种林分土壤 CO_2 释放通量的研究[J].
生态学杂志,2004,23(5):42-45.

[54] 林有乐.间伐强度对马尾松人工林生长和土壤肥力的影响[J].防护林科技,
2003,56(8):16-17.

[55] 凌华,陈光水,陈志勤.中国森林凋落量的影响因素[J].亚热带资源与环境
学报,2009,4(4):66-71.

[56] 刘海岗,刘一,黄忠良.森林凋落物研究进展[J].安徽农业科学,2008,6(3):
1018-1020.

[57] 刘平,刘成.森林间伐的效果[J].森林工程,2000,16(4):6-7.

[58] 刘绍辉,清田信.北京山地温带森林的土壤呼吸[J].植物生态学报,1998,22
(2):119-126.

[59] 刘思峰,党耀国,方志耕,等.灰色系统理论及其应用[M].3 版.北京:科学出
版社,2004.

[60] 柳泽鑫,区余端,苏志尧,等.土壤质地和 pH 值对节肢动物多度的影响[J].
中南林业科技大学学报,2010,30(7):150-154.

[61] 罗菊春,王庆锁.干扰对天然红松林植物多样性的影响[J].林业科学,1997,
33(6):498-503.

[62] 马克平.生物群落多样性的测度方法:Ⅰα多样性的测度方法(上)[J].生物
多样性,1994,2(3):162-168.

[63] 马克平,刘玉明.生物群落多样性的测度方法:Ⅰα多样性的测度方法(下)
[J].生物多样性,1994,2(4):231-239.

[64] 慕平,魏臻武,李发弟.用灰色关联系数法对苜蓿品种生产性能综合评价
[J].草业科学,2004,21(6):26-29.

[65] 倪永春,倪伟杰,王刚,等.抚育间伐对人工诱导的阔叶红松林林分蓄积量的
影响[J].吉林林业科技,2010,39(3):9-11.

[66] 潘辉,张金文,林顺德,等.不同间伐强度对巨尾桉林分生产力的影响研究
[J].林业科学,2003,39(1):106-111.

[67] 潘开文,何静,吴宁.森林凋落物对林地微生境的影响[J].应用生态学报,
2004,15(1):153-158.

[68] 庞学勇,刘世全,刘庆,等.川西亚高山人工云杉林地有机物和养分库的退化与调控[J].土壤学报,2004,41(1):126-133.

[69] 彭少麟,刘强.森林凋落物动态及其对全球变暖的响应[J].生态学报,2002,22(9):1534-1544.

[70] 钱迎倩.生物多样性与生物技术[J].中国科学院院刊,1994,9(2):134-138.

[71] 秦建华,姜志林.不同疏伐方法对杉木林生产和产量的影响[J].南京林业大学学报:自然科学版,1995,19(2):29-33.

[72] 石福臣,丁宝永,闰秀峰,等.三江平原天然次生柞木林凋落物分解规律的研究[J].东北林业大学学报,1990,18:27-31.

[73] 施双林,薛伟.落叶松人工林抚育间伐技术的研究[J].森林工程,2009,25(3):53-56.

[74] 施向东.马尾松抚育间伐强度对其生长量影响试验[J].湖北林业科技,2008,(1):16-18.

[75] 孙翠玲,朱占学.杨树人工林地力退化及维护与提高土壤肥力技术的研究[J].林业科学,1995,31(6):506-511.

[76] 孙洪志,屈红军,石丽艳,等.次生林抚育改造的效果[J].东北林业大学学报,2004,32(2):97-98.

[77] 孙向阳,乔杰,谭笑.温带森林土壤中的 CO_2 排放通量[J].东北林业大学学报,2001,29(1):34-39.

[78] 孙晓霞,王孝安.黄土高原马栏林区不同森林类型的土壤肥力研究[J].广西植物,2006,26(4):418-423.

[79] 谭学仁.辽东山区森林经营的主要问题与对策[J].辽宁林业职业技术学院学报,2005(6):24-32.

[80] 汪业勋,赵士洞.陆地土壤碳循环的研究动态[J].生态学杂志,1999,18(5):29-35.

[81] 王凤友.红松针阔叶混交林凋落物的生态学研究[C]//森林生态系统定位研究(第一集).哈尔滨:东北林业大学出版社,1991:245-249.

[82] 王启美.不同抚育间伐强度对日本落叶松生长量的影响研究[J].现代农业科学,2008,15(9):33-34.

[83] 王娓,郭继勋.东北松嫩平原羊草群落的土壤呼吸与枯枝落叶分解释放 CO_2 贡献量[J].生态学报,2002,22(5):655-660.

[84] 王翔.林间凋落物的研究现状调查[J].林区教学,2010(9):115-118.

[85] 王学萌,张继忠,王荣.灰色系统分析及实用计算程序[M].武汉:华中科技

大学出版社,1996.

[86] 王艳红,宋维峰,李财金.不同竹林枯落物层水文生态效应研究[J].陕西农业科学,2009,(1):34-34.

[87] 吴承祯,姜志林.我国森林凋落物研究进展[J].江西农业大学学报,2000,22(3):405-410.

[88] 吴际友,龙应忠.湿地松人工林间伐效果初步研究[J].林业科学研究,1995,8(6):630-633.

[89] 吴钦孝,赵鸿雁,刘向东,等.森林枯枝落叶层涵养水源保持水土的作用评价[J].土壤侵蚀与水土保持学报,1998,4(2):23-28.

[90] 吴效生,戴景瑞.灰色系统理论在玉米育种中的综合应用[J].华北农学报,1999,14:30-35.

[91] 武丽石,吕桂兰,王文斌,等.以灰色关联度法对辽宁省大豆品种区试验结果评价[J].大豆通报,1998(4):7.

[92] 项文化,田大伦,闫文德.中低强度间伐对杆材阶段马尾松林生物量的影响[J].中南林学院学报,2001,21(1):10-13.

[93] 熊有强,盛炜彤.不同间伐强度杉木林下植被发育及生物量研究[J].林业科学研究,1995,8(4):408-412.

[94] 徐振邦,戴洪才,李昕.主要伴生树种对云杉幼苗生长影响的研究[J].生态学报,1993,13(1):75-82.

[95] 许光辉,郑洪元.土壤微生物分析方法手册[M].北京:农业出版社,1986.

[96] 许彦红.数量化抚育间伐模型建立研究[J].西南林学院学报,2003,23(2):40-43.

[97] 薛立,邝立钢.杉木凋落物分解速率的研究[J].四川林业科技,1990,11(1):1-4.

[98] 杨立国,王文明,刘红润.抚育间伐措施对天然林的影响概述[J].抚育间伐措施对天然林的影响概述,2009,4(2):26-27.

[99] 杨玉盛,陈光水.杉木观光木混交林凋落物分解及养分释放的研究[J].植物生态学报,2002,26(3):275-282.

[100] 杨志敏,赵天锡.杨树速生丰产栽培技术研究[J].河北林业科技,1991(2):7-12.

[101] 蚁伟民,丁明懋.鼎湖山自然保护区及电白人工林土壤微生物特性的研究[J].热带亚热带森林生态系统研究,1984(2):59-69.

[102] 殷明娥.分组主成分评价法及其应用[J].辽宁师范大学学报:自然科学版,

2005,28(4):408-409.

[103] 曾锋,邱治军,许秀玉.森林凋落物分解研究进展[J].生态环境学报,2010,19(1):239-243.

[104] 张鼎华,叶章发,范必有,等.抚育间伐对人工林土壤肥力的影响[J].应用生态学报,2001,12(5):672-676.

[105] 张嘉宾.森林生态经济学[M].昆明:云南人民出版社,1986.

[106] 张水松,陈长发,吴克选,等.杉木林间伐强度试验20年生长效应的研究[J].林业科学,2005,41(5):56-65.

[107] 张万儒.森林土壤定位研究方法[M].北京:中国林业出版社,1986.

[108] 张晓龙,赵景波.西安吴家坟秋季土壤的碳释放规律研究[J].陕西师范大学学报:自然科学版,2002,30(1):415-419.

[109] 张延欣,吴涛.系统工程学[M].北京:气象出版社,1996.

[110] 张忠谊.环境与经济发展学[M].呼和浩特:内蒙古人民出版社,1987.

[111] 赵鹏武,宋彩玲,苏目娜,等.森林生态系统凋落物研究综述[J].内蒙古农业大学学报,2009,30(2):292-299.

[112] 赵月彩,杨玉盛,陈光水,等.福建万木林自然保护区米槠和杉木凋落叶混合分解研究[J].亚热带资源与环境学报,2009,4(2):53-59.

[113] 郑元润.西部大开发与可持续生态环境建设[J].世界科技研究与发展,2000,22(2):74-76.

[114] 中国科学院南京土壤研究所.中国土壤[M].北京:科学出版社,1978.

[115] 中国科学院南京土壤研究所微生物室.土壤微生物研究法[M].北京:科学出版社,1985.

[116] 中国林业科学研究院林业研究所.中国森林土壤[M].北京:科学出版社,1986.

[117] 中国土壤学会农业化学专业委员会.土壤农业化学常规分析方法[M].北京:科学出版社,1983.

[118] 赵忠,薛德自.油松侧柏混交林效益及种间关系的研究[J].西北林学院学报,1994,9(1):12-17.

[119] 周存宇.凋落物在森林生态系统中的作用及其研究进展[J].湖北农学院学报,2003,23(2):140-145.

[120] 周存宇,唐世浩,朱启疆,等.长白山自然保护区叶面积指数测量及结果[J].资源科学,2003,25(6):38-42.

[121] 周存宇,蚁伟民,丁明懋.不同凋落叶分解的土壤微生物效应[J].湖北民族

学院学报:自然科学版,2005,23(3):303-305.

[122] 周林. 水杉人工林抚育间伐技术的研究[J]. 江苏林业科技,1994,21(3):11-16.

[123] 朱春全,王世绩. 六个杨树无性系苗木生长、生物量和光合作用的研究[J]. 林业科学研究,1995,8(4):388-394.

[124] Anderson J M. Carbon dioxide evolution from two temperate, deciduous woodland soils[J]. J. Appl. Ecol,1973,173(10):361-368.

[125] Buchmann N. Biotic and abiotic factors controlling soil res2piration rates in Picea abies stands[J]. Soil Biol. Biochem. 2000,32:1625-1635.

[126] Carlyle J M. Than UBA. A biotic controls of soil respiration between an eighteen-year-old Pi nus radiata stand in South-eastern Australia[J]. J. Ecol. 1988,76:654-662.

[127] Aerts R, Caluwe H De. Effects of nitrogen supply on canopy structure and leaf nitrogen distribution in Carex species[J]. Ecology,1994,75:1482-1490.

[128] Aerts R, Caluwe H De. Nutritional and plant mediated controls on leaf litter decomposition of Carex species[J]. Ecology,1997,78:244-260.

[129] Anderson J M. Carbon dioxide evolution from two temperate, deciduous woodland soils[J]. Appl. Ecol,1973,173(10):361-368.

[130] Blackburn W M, Petr. T. Forest litter decomposition and benthos in a mountain stream in Victoria Australia · Arch[J]. Hvdrobio,1979,86:453-498.

[131] Berendse F, Berg B, Bosatta E. The effect of lignin and nitrogen on the decomposition of litter in nutrient-poor ecosystems:a theoretical approach[J]. Canadian Journal of Botany,1987,65:1116-1120.

[132] Berg B, Matzner E. Effect of N deposition on decomposition of plant litter and soil organic matter in forest systems[J]. Environ Rev,2000,5:1-25.

[133] Berg B, Johnsson M B, Meentemeyer V. Litter decomposition in a transect of Normay spruce orests:substrate auality and climate control[J]. Canadian Journal of Forest Research,2000,30:1136-1147.

[134] Bray J R, Gorham E. Litter production in forest of the world[J]. Adv Ecol Res,1964,2:101-157.

[135] Carlyle J M. Than UBA. A biotic controls of soil respiration between an eighteen 2-year 2-old Pi nus radiata stand in South2east2 ern Australia[J]. J. Ecol. 1988,76:654-662.

[136] Chapin F S. Effects of multiple environmental stresses on nutrient availability and use,in:Mooney H A,Winner W E,Pell E J. ed. Response of plant to multiplest Yesses. Academic Press,SanDiego,California,USA,1991:68-88.

[137] Clutter J L,Jones E P. Prediction of growth after thinning in old-field slash pine plantations. USDA Oor Serv:Res Pap,1980,SE-217. 19P.

[138] Coulson J C,Butterfield J. An investigation of the biotic factors determining the rates of plant decomposition on blanket bog[J]. Journal of Ecology,1978,66: 631-650.

[139] Cromack K,Jr. Litter production and decomposition in a mixed hardwood watershed and in a white pine watershed at Coweeta Hydrologic Station. North Carolina. Doctoral thesis. University of Georgia,Athens,Georgia,USA,1973.

[140] Crossley D A,Jr Hoglund M P. A litter bag method for the study of microarthrds inhabiting leaf litter[J]. Ecology,1962,43:571-573.

[141] Daniel J D. Valuing wildlife. Printed in US of America,1987.

[142] David W P. Economics of natural resources and environment. Printed in Great Britain,1990.

[143] Dyer M L,Meentemeyer V,Berg B. Apparent controls of mass loss rate of leaf litter on a regional scale[J]. Scandinavian Journal of Forest Research,1990,5: 311-323.

[144] Falconer J G. The decomposition of certain type of forest litter with field conditions[J]. Am J Bot,1993,20:196-203.

[145] Fernandez I J. Soil carbon dioxide characteristics under different forest types and after harvest [J]. Soil Sci Soc. A mer. J. 1993,57:1115-1121.

[146] Flanagan P W,Van Cleve K. Nutrient cycling in relation to decomposition and organic matter quality in taiga ecosystems[J]. Canadian Journal of Forest Research,1983,13:795-817.

[147] Gallardo A,Merino J. Leaf decomposition in two Mediterranean ecosystems of Southwest Spain:influence of substrate quality[J]. Ecology,1993,74(1):152-161.

[148] Gholz H L,Fisher R F. Nutrient dynamics in slash pine plantation ecosystems [J]. Ecology,1985,66(3):647-659.

[149] Gloaguen J C,Touffet J. Evolution du rapport C/N dans les feuilles et au tours de la decomposition des litieres sous climat atlantique. Le hetre et quelques coni-

feres[J]. Annales Sciences Forestieres,1982,39:219-230.

[150] Gosz J R. Nutrient release from decomposing leaf and branch litter in the Hubbard Brook Forest[J]. New Hampshire Ecol Monogr,1973,43:173-191.

[151] Greggio T C,Assis L C,Nahas A. Decomposition of the Rubber tree Hevea brasiliensis litter at two depths[J]. Chilean Journal of Agricultural Research,2008, 68:128-135.

[152] Heal O W,Anderson J M,Swift M J. Plant litter quality and decomposition:an historical overview. in Cadisch G,Giller K E ed. Driven bnature:plant litter quality and decomposition[J]. CAB International,Wallingford,UK,1997:3-30.

[153] Berg B,Mcclaugherty C. Nitrogen and ohosohorus release from decomposing litter in relation to the disappearance of lignin[J]. Canadian Journal of Botany,1989, 67:1148-1156.

[154] Berg B,Mcclaugherty C. Plant litter:Decomposition,humus formation,carbon sequestration[M]. New York:Springer Verlag,2003.

[155] Heal O W,French D D. Decomposition of organic matter in tundra. In:Holding A J,Heal O W,Maclean S F Jr. et al. ed. Soil organisms and decomposition in tundra. IBP Tundra Biome Steering Committee,Stockholm, Sweden,1974:227-248.

[156] Heanev A,Proctor J. Chemical elements in litter on Volcan Barva,Costa Rica. In:Proctor J. Ed. Mineral "trients i" tropical forest and savanna ecosystems. Blackwell Scientific,Oxford. England,1989:225-271.

[157] Hungate B A,Dijkstra P,Johnson D W,et al. Elevated CO_2 increases nitrogen fixation and decreases soil nitrogen mineralization in Florida scrub oak[J]. Global Change Biology,1999,5:797-806.

[158] Willcock J,Magan N. Impact of environmental factors on fungal respiration and dry matter losses in wheat straw[J]. Journal of Stored Products Research,2001, 37:35-45.

[159] Hill H H. Decomposition of organic matter in soils[J]. Journal of Agricultural Research,1926,33:77-79.

[160] Hulson H J. Fungal saprophytism(2nd ed.)[M]. UK:Edward Arnold,1980. 21-22.

[161] Field C B,Chapin F,Matson S,et al. Responses of terrestrial ecosystems to the changing atmosphere:a resource—based approach[J]. Annual Review of Ecology and Systematics,1992,23:201-235.

[162] Jenney H S, Gessel P, Bingham F T. Comparative study of decomposition rates of organic matter in temperate and tropical regions[J]. Soil Science, 1949, 68:419-432.

[163] Jensen H L. On the influence of the carbon nitrogen ratios of organic materials on the mineralization of nitrogen[J]. Journal of Agricultural Science, 1929, 19:71-82.

[164] Koopmans C J, Tietema A, Verstraten J M. Effects of reduced N deposition on litter decomposition and N cycling in two N saturated forests in the Netherlands [J]. Soil Boil Biochem, 1998, 30:141-151.

[165] Liu C J, Hannu I, Bjom B, et al. Aboveground litterfall in Eurasian forests[J]. Journal of Forestry Research, 2003, 14(1):27-34.

[166] Loranger G, Ponge J F, et al. Leaf decomposition in two semi evergreen tropical forests: influence of litter quality[J]. Biology and Fertility Soils, 2002, 35:247-252.

[167] McClaugherty C A, Pastor J, Aber J D. Forest litter decomposition in relation to soil nitrogen dynamics and litter quality[J]. Ecology, 1985, 66:266-275.

[168] Meentemeyer V, Berg B. Regional variation in rate of mass loss of Pinus sylvestris needle litter in Swedish pine forests as influenced by climate and litter quality [J]. Scandinavian Journal of Forest Research, 1986, 1:167-180.

[169] Meentemeyer V. Macroclimate and lignin control of litter decomposition rates [J]. Ecology, 1978, 59:465-472.

[170] Melillo J M, Aber J D, Linkins A E, et al. Carbon and nitrogen dynamics along the decay continuum plant litter to soil organic matter. In: Clarhom M, Bergstrom L, ed. EcD, DgY of arable land. Kluwer Academic, Dordrecht, The Netherlands, 1989:53-62.

[171] Mikola P. Comparative experiment on decomposition rates of forest littr in southern and northern Finland[J]. Oikos, 1960, 11:161-166.

[172] Moore T R, Trofymow W J A, et al. Litter decomposition rates in Canadian forests [J]. Global Change Biology, 1999, 5:75-82.

[173] Ogden A E, Schmidt M G. Litterfall and soil characteristics in canopy gaps occupied by vine maple in a coastal western hemlock forest[J]. Can J Soil Sci, 1997, 77:703-711.

[174] Orchard V A and Cook F J. Relationship between soil respiration and soil mois-

ture[J]. Soil Biology and Biochemistry,1983,15:447-453.

[175] P M,Turner D R,Parton W J,et al. Litter decomposition on the Mauna Loa envi-ronmental matrix, Hawai' I: patterns, mechanisms, and models [J]. Ecology, 1994,75(2):418-429.

[176] Pandey R R,Sharma G,Tripathi S K,et al. Litter-fall,litter decomposition and nutrient dynamics in a sub-tropical natural oak forest and managed plantation in northeastern India[J]. Forest Ecology and Management,2007,240:96-104.

[177] Pastor J,Stillwell M A,Tilman D. Nitrogen mineralization and nitrification in four Minnesota old fields[J]. Oecologia,1987,71:481-485.

[178] Pausas J G, Casals P, Ronmnyh J. Litter decomposition and faunal activity in Mediterranean forest soils: effects of Ncontent and the moss layer [J]. Soil Biology&Biochemistry,2004,36:989-997.

[179] Paustian K,Agren G I,Bosatta E. Modeling litter quality effects on decomposition and soil organic matter dynamics. In: Cadisch G, Giller K E, ed. Driven by nature:planth'tter quah'ty and decomposition. CAB International, Wallingford, UK,1997,313-335.

[180] Polyakova O,Billor N. Impact of deciduous tree species on litterfall quality,de-composition rates and nutrient eirculation in pine stands[J]. Forest Ecology and Management,2007,253:11-18.

[181] Schlesinger W H,Hasey M M. Decomposition of chaparral shrub foliage:losses of organic nd inorganic constituents from deciduous and evergreen leaves[J]. Ecol-ogy,1981,62:762-774.

[182] Vitousek P M. Nutrient cycling and limitation:Hawaii as a Model System[M]. Princeton:Princeton University Press,2004.

[183] Smith J L,Norton J M,Paul E A,et al. Decomposition of "C-and" N-labeled or-ganisms in soil with anaerobic conditions. Plant and Soil,1989,116:115-118.

[184] Spurr S H,Barnes B V. 森林生态学[M]. 北京:中国林业出版社,1982.

[185] Swift M J,Heal O W,Anderson J M. Decomposition in terrestrial ecosystems[J]. University of California Press,Berkley,California,USA,1979.

[186] Taylor B R,Parkinson D,Parsons W F J. Nitrogen and lignin content as predic-tors of litter decay rates:amicrocosm test[J]. Ecology,1989,70(1):97-104.

[187] Wang HuiMei,Zu YuanGang,Wang WenJie,Koike Takayoshi. Notes on the forest soil respiration measurement by a Li-6400 system,Journal of Forestry Research,

2005,16(2):132-136.

[188] Van Cleve K. Organic matter quality in relation to decomposition. In: Holding A J, Heal O W, Maclean S F Jr. , et al. ed. Soil organisms and decomposition in tundra. Tundra Biome Steering Committee, Stockholm, Sweden, 1974:311-324.

[189] Van der Drift, J. The disappearance of litter in mull and mot in connection with weather conditiona and the activity of the macrofauna. In: Doeksen J, Van der Drift, J. ed. Sol organisms. North – Holland Publishing Company. Amsterdam, Holland, 1963:124-132.

[190] Vogt K A, Rier C C, Vogt D J. Production, turnover, and nutrlent dynamics of a-bove – and below – ground detritus of world forests [J]. Adz, all. ECOl. Res. 1986,15:303-377.

[191] Vossbrinck C R, Coleman D C, Woolley T A. Abiotic and biotic ~ actors in litter decomposition in a semiarid grassland[J]. Ecology, 1979, 60:265-271.

[192] Waksman S A, Tenney F G. Composition of natural organic materials and their decomposition in the soil . The influence of nature of plants upon the rapidity of its decomposition[J], Soil Science, 1928, 26:155-171.

[193] Wang HuiMei, Zu YuanGang, Wang WenJie, Koike Takayoshi. Notes on the forest soil respiration measurement by a Li-6400 system, Journal of Forestry Research, 2005,16(2):132-136.

[194] Waring R H, Schlesinger W H. Forest ecosystems: concepts and management. New York: Academic Press, 1985.

[195] Wiegert R G, Evans F C. Primary production and disapperance of dead vegetation on an old field in southeastern of detritus on three South Carolina old frields[J]. Ecology, 1975, 56:129-134.

[196] Wiegret R G, McGirmis J T. Annual production and diappearance of detritus on three South Carolina old fields[J]. Ecology, 1975, 56:135-140.

[197] Wilhelmiv, Rotkegm. The effect ofacid rain, soil temperature and humidity on C-mineralization rates in organic soil layers under spruce[J]. Plant and Soil, 1990, 121:197-202.

[198] Witkamp M, Olson J S. Breakdown of confined and noneonfined oak litter[J]. Oi-kos, 1963, 14:138-147.

[199] Witkamp M. Decomposition of leaf litter in relation to environment microflora and microbial respiration[J]. Ecology, 1966, 47:194-201.

[200] Zlotin R I. Invertebrate animals as a factor of the biological turnover. in:Ⅳ Collo-
quium Pedobilogiae,Dijon, Institute Nation de la Recherche Agronomique,Par-
is,France,1971:455-462.